U0161868

STUDIES ON
**INTERNET
LITERACY OF
MINORS**

田　丽　葛东坡◎著

未成年人网络素养研究

中国财经出版传媒集团
经济科学出版社
Economic Science Press

图书在版编目（CIP）数据

未成年人网络素养研究/田丽，葛东坡著. --北京：
经济科学出版社，2022.6
ISBN 978 - 7 - 5218 - 3778 - 0

Ⅰ.①未… Ⅱ.①田…②葛… Ⅲ.①青少年 - 计算
机网络 - 素质教育 - 研究 - 中国 Ⅳ.①TP393

中国版本图书馆 CIP 数据核字（2022）第 110016 号

责任编辑：崔新艳　梁含依
责任校对：李　建
责任印制：范　艳

未成年人网络素养研究
田　丽　葛东坡　著
经济科学出版社出版、发行　新华书店经销
社址：北京市海淀区阜成路甲 28 号　邮编：100142
经管中心电话：010 - 88191335　发行部电话：010 - 88191522
网址：www. esp. com. cn
电子邮箱：espcxy@ 126. com
天猫网店：经济科学出版社旗舰店
网址：http://jjkxcbs. tmall. com
北京季蜂印刷有限公司印装
710×1000　16 开　13.75 印张　230000 字
2022 年 7 月第 1 版　2022 年 7 月第 1 次印刷
ISBN 978 - 7 - 5218 - 3778 - 0　定价：72.00 元
（图书出现印装问题，本社负责调换。电话：010 - 88191510）
（版权所有　侵权必究　打击盗版　举报热线：010 - 88191661
QQ：2242791300　营销中心电话：010 - 88191537
电子邮箱：dbts@ esp. com. cn）

本书受到国家社科基金重大项目"中国特色网络内容治理体系及监管模式研究"（18ZDA317）的资助。

序

互联网已经成为人们生产生活的新疆域，数字化生存推动了新文明的诞生。新的文明对人的素养提出新的要求，网络素养日渐成为与阅读、写作、计算一样的必备素质。网络素养不仅影响着日常生活，而且在某种程度上决定着人们的职业、社会身份、地位等。

我国未成年人的网络普及率已经超过九成，未成年人触网年龄持续降低，网络使用程度不断提升，然而未成年人的网络素养并不乐观。面对鱼龙混杂的网络环境，未成年人缺乏必要的防护意识和自我保护能力，常常陷入危险境地而不知如何应对。为了防范风险，一些学校和家长采取了保守的养育办法，将孩子与电子设备隔离，控制未成年人的网络使用。这样反而影响了未成年人的网络素养培养。调查显示，我国未成年人在网络使用和网络素养方面存在双向的数字鸿沟，处于传统劣势地位（例如由于城乡差别、经济条件差别导致的劣势地位）的未成年人和部分具备良好教养条件的未成年人在网络素养方面都呈现出较弱的状况。事实上未成年人网络素养不仅事关未成年人自身的成长与发展，而且日渐成为事关数字时代大国竞争的重要方面，为此，世界主要国家通过多种多样的实践来着力提升未成年人的网络素养。

我国也日渐把提升未成年人的网络素养提上重要议事日程,实践领域迫切需要对网络素养的基本理论问题、基础发展情况以及他国经验进行梳理总结。这些问题构成了本书研究的"初心"和"使命"。事实上,从提出问题到完成研究已经三年有余,伴随着研究的深入,新的问题不断涌现,因此本书的研究还存在诸多局限。正是这些遗憾,鞭策笔者必须继续深化研究,把探索数字时代未成年人的成长规律作为时代使命和科研目标,持续前进。

目 录

第 1 章 绪 论

1.1 研究缘起与背景

自 1994 年中国全面接入国际互联网，互联网在中国已发展了将近 30 年。互联网的应用越来越广泛，从最初作为通信和联络的工具（如电子邮件、即时聊天工具等），发展为改变了信息传播方式和媒介生态的新媒体（门户网站、社交媒体、移动客户端等）。随着人类的生产生活不断向网络空间延伸，互联网已经成为人们生产生活的新疆域，是人类新的社会空间。新的社会空间，意味着新的交往方式和文明规则。人类在缔造互联网时代和信息文明的同时，也在努力实现自身的进化与发展。在新的文明时代，人的全面解放越来越取决于处理互联网信息的能力。利用网络生产生活的能力、在网络空间维系社会交往和发展社会资本的能力。同样，在"技术决定"和"社会建构"博弈中的网络技术终将造福世界还是奴役人类，也取决于网络使用者的能力和素养高低。

伴随着互联网在中国的发展成长起来的"90 后"一代已经成为互联网世界的主要建设者，19 家互联网头部企业的人才平均年龄为 29.6 岁，其中字节跳动和拼多多的人才平均年龄仅为 27 岁;[①] 作为互联网时代"原住民"的"00 后"已经非常熟练地建构起一套"话语体系"和互动方式。这些方式偶尔令其父辈和祖辈"心生羡慕"，但常常是"忧心忡忡"，甚至是"深恶痛绝"。因此，在公共舆论、学校教育和家庭引导普

---

① 脉脉数据研究院:《人才流动与迁徙趋势报告 2020》,2020 年 3 月。

遍对互联网保持"警惕"的态度下，通过控制网络接触来减少网络对未成年人的负面影响是最常见的手段。

但是，随着网络技术的发展以及与生产生活的深度融合，网络不再是一个可以选择的备选项，而成为与阳光、空气、水一样的环境包裹着未成年人。中国社会科学院新闻与传播研究所和中国社会科学院大学新闻传播学院联合发布的《中国未成年人互联网运用报告（2020）》显示，未成年人的互联网普及率已达99.2%，未成年人首次触网年龄不断降低，10岁及以下开始接触互联网的人数比例达到78%，首次触网的主要年龄段集中在6~10岁。[①]《2020年全国未成年人互联网使用情况研究报告》显示，60%的未成年人网民节假日日均上网时长超过2小时，82.9%的未成年人网民拥有自己的上网设备，网络日益成为重要的学习阵地，新兴网上社交娱乐活动受众递增。[②] 显然，互联网在未成年人网民中的普及率和应用程度不断提升。

未成年人利用网络的能力成为与今天阅读、写作、计算一样的必备技能，决定着在未来社会中的社会身份和社会资源等。然而，网络空间鱼龙混杂，早在2008年就已有62.3%的青少年遇到过信息被侵犯的情况，48.3%的青少年接触过黄色网站等不良内容；14.5%的青少年遭受过财物或身心的损害。[③] 未成年人网民在多元的互联网使用环境下遇到的困难和风险值得各界重视。

随着未成年人网络接触率的提升，群体内部的分化日渐显著，城乡之间、地区之间，不同收入群体之间的社会性差异问题愈发凸显。未成年人在上网工具和网络使用上的差异正在导致未成年人成长发展中诸多方面的分殊。有研究显示，农村留守儿童在网络信息行为、学习方面的行为程度显著低于非留守儿童，但娱乐行为显著高于非留守儿童。由于家庭关爱和监管的缺失，留守儿童在网络使用中更易养成不良习惯或行为，致使网络非但没有

---

① 中国社会科学院新闻与传播研究所、中国社会科学院大学新闻传播学院与社会科学文献出版社：《青少年蓝皮书：中国未成年人互联网运用报告（2020）》，2020年9月。

② 共青团中央维护青少年权益部、中国互联网络信息中心：《2020年全国未成年人互联网使用情况研究报告》．http://www.cnnic.net.cn/hlwfzyj/hlwxzbg/qsnbg/202107/P020210720571098696248.pdf。

③ 中央综治委预防青少年违法犯罪工作领导小组办公室、团中央权益部、中国青少年研究中心：《青少年网络伤害课题调研报告》，中国共青团网（2009-12-09），http://www.gqt.org.cn/documents/zqbf/201102/t20110211_448570.htm。

成为留守儿童成长的知识窗口，还可能成为他们的娱乐场所和逃避现实的工具。① 另有研究关注两类特殊群体——留守儿童与流动儿童的网络使用情况，发现随父母离开家乡生活学习的流动儿童网络成瘾倾向率高于留守儿童群体，对新环境的不适感、不能有效与他人建立联系让流动儿童产生社交焦虑或者障碍，缺乏自信与控制感，更易陷入网络滥用的境地。此外，流动与留守儿童中的网络成瘾倾向组的心理状况和人际关系都比普通儿童的同类群体更差，异常的家庭状况可能加重网络成瘾对处境不利儿童心理健康造成的负面影响。②

未成年人的网络素养问题不仅事关未成年人自身的成长与发展，而且日渐成为过数字时代国家竞争力的题中应有之意，因此世界主要国家高度重视未成年人的网络素养教育和研究。美国 2000 年出台《儿童互联网保护法》，为 K-12 学校与图书馆提供经济支持以配备完善的数字设备与网络资源，并要求其实施互联网安全政策与安装面向未成年人的互联网内容过滤软件。③④ 在《美国法典》第 20 卷中，明确指出要提高网络素养服务以及丰富网络素养教育资源。⑤ 2006 年，欧盟把数字能力纳入终身学习的 8 项关键能力之一。⑥ 2012 年，欧盟推行"为儿童打造更好的互联网环境"的欧洲战略，通过学校授课的方式提高学生的网络素养与安全意识。⑦ 2020 年，荷兰提出《荷兰数字化战略：为荷兰的数字化未来做好准备》，其中数字素养被

---

① 中央综治委预防青少年违法犯罪工作领导小组办公室、团中央权益部、中国青少年研究中心：《青少年网络伤害课题调研报告》，中国共青团网（2009 - 12 - 09），http：//www. gqt. org. cn/documents/zqbf/201102/t20110211_448570. htm。

② 金灿灿、屈智勇、王晓华：《留守与流动儿童的网络成瘾现状及其心理健康与人际关系》，载于《中国特殊教育》2010 年第 7 期，第 59 ~ 64 页。

③ 15 U. S. Code § 6501 – Definitions. Legal Information Institute，https：//www. law. cornell. edu/uscode/text/15/6501.

④ 20 U. S. Code § 9134 – State plans. Legal Information Institute，https：//www. law. cornell. edu/uscode/text/20/9134#f.

⑤ 20 U. S. Code § 9121. Purpose. Legal Information Institute，https：//www. law. cornell. edu/uscode/text/20/9121.

⑥ Recommendation of The European Parliament and of The Council. Official Journal of the European Union，2006 – 12 – 30，https：//eur-lex. europa. eu/LexUriServ/LexUriServ. do？uri = OJ：L：2006：394：0010：0018：en：PDF.

⑦ Communication from The Commission to The European Parliament，The Council，The European Economic And Social Committee And The Committee of The Regions. European Strategy for a Better Internet for Children. 2012 – 05 – 02. https：//eur-lex. europa. eu/legal-content/EN/ALL/？uri = CELEX：52012DC0196

列入初等教育和中等教育的学习领域之一，并将其置于首要位置。[①] 1997 年新加坡教育部出台的三个文件为新加坡中小学信息素养教育提供了框架指导和实践示范，随着信息素养教育实践的不断深入，新加坡为信息素养教育提供的政策支持逐渐覆盖全体公民，更加全面有力。[②] 2021 年，我国先后发布的《关于加强网络文明建设的意见》《提升全民数字素养与技能行动纲要》指出，应"着力提升青少年网络素养，进一步完善政府、学校、家庭、社会相结合的网络素养教育机制，提高青少年正确用网和安全防范意识能力"[③]"全民数字素养与技能日益成为国际竞争力和软实力的关键指标"。[④] 2022 年的《未成年人网络保护条例（征求意见稿）》中，将"网络素养培育"单独成章，指出"国务院教育行政部门应当将网络素养教育纳入学校素质教育内容，并会同国家网信部门制定未成年人网络素养测评指标"。[⑤] 此外，对学校、社区、图书馆、文化馆、青少年宫、未成年人的监护人、平台等提出了教育、示范、引导和监督的要求。

因此，本研究旨在探索网络素养的时代内涵，掌握我国未成年人网络素养的情况，探索影响未成年人网络素养的影响因素，并在发达国家未成年人网络素养提升计划的相关经验中找到"他山之石"，以期探索一条适合我国国情的未成年人网络素养提升之道。

1.2　研究内容与问题

为了厘清当前环境下网络素养的内涵及影响未成年人网络素养的因素，针对性地提出可行的培养未成年人网络素养方案，本研究提出以下四个主要

---

① 梅丽莎·海瑟薇、弗朗西斯卡·斯派德里：《荷兰网络就绪度一览》，载于《信息安全与通信保密》2017 年第 12 期，第 71～110 页。

② 陈珑绮：《新加坡公众信息素养教育实践研究》，载于《图书馆学研究》2021 年第 6 期，第 65～74 页。

③ 中共中央办公厅　国务院办公厅印发《关于加强网络文明建设的意见》，新华社（2021 - 09 - 14），http：//www.gov.cn/xinwen/2021 - 09/14/content_5637195.htm。

④ 提升全民数字素养与技能行动纲要，中国网信网（2021 - 11 - 05），http：//www.cac.gov.cn/2021 - 11/05/c_1637708867754305.htm。

⑤ 国家互联网信息办公室关于《未成年人网络保护条例（征求意见稿）》再次公开征求意见的通知，中国网信网（2022 - 03 - 14），http：//www.cac.gov.cn/2022 - 03/14/c_1648865100662480.htm。

问题及发展相应的研究内容：

Q1：网络素养的内涵是什么？网络素养经历哪些发展阶段？

通过文献研究和逻辑思辨，从素养所涉及的（知识、能力和意识）三个维度入手，结合互联网应用和功能的发展，从信息、媒介、社会互动、生产消费等维度，分析了网络素养内涵的演变，建构了当前时代背景下网络素养的内涵与外延。

Q2：如何衡量或测量网络素养？

通过重点访谈、焦点小组和问卷调查并经统计分析，开发网络素养量表。

Q3：探索影响网络素养的个体、家庭和学校差异。

通过文献研究探索影响网络素养的个体及环境要素，重点研究个体、家庭和学校对未成年人网络素养的影响机制。

Q4：提升网络素养的策略和方案。

根据上述研究成果，结合国内外的实践经验，提出我国未成年人网络素养提升的策略和方案。

1.3　研究进展与现状

未成年人网络素养是互联网研究和未成年人研究领域一个非常重要的课题。前人对未成年人网络使用行为、网络素养及其影响因素的研究构成了本书的理论起点。本研究结合引文可视化分析软件 CiteSpace 对 WOS 核心合集数据库（含 SCIE、SSCI、A&HCI、CPCI 数据库）及中国知网上的相关文献分析，以及相关著作进行综述，以尽量减小综述误差并对文献进行合理化分析。

1.3.1　有关未成年人网络使用的研究

以 CiteSpace 的关键词分析法为主要工具探析国内外现今相关的研究现状，对 2002～2020 年近二十年间国内"未成年人网络使用"的 42 篇相关研究进行分析，勾勒出知识图谱（见图 1-1），对 1998～2022 年国外"internet use + children/adolescent""internet behavior + children/adolescent"的 1 083 篇相关研究分析得出图 1-2。聚类分析并综合文献，国内的相关研究可分为三大类别，分别为网络使用渠道（短视频）、网络使用动机（健康成长）和影响因素

（家长等）；国外研究则聚焦在媒体素养、影响因素（个性）、不良现象（网络沉迷、网络欺凌、个人隐私暴露）、网络行为（用户搜索）、网络内容等方面。图谱中线条的颜色代表文献的发表时间，颜色越深代表文献越早。文献分析显示，"家长"和"未成年人"是早期文献研究的重点。

图 1 - 1　国内"未成年人网络使用"文献知识图谱

资料来源：笔者自制。

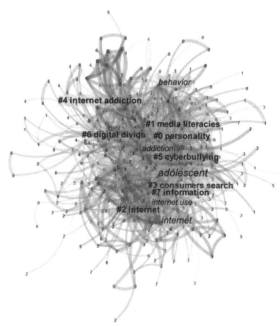

图 1 - 2　国外"未成年人网络使用"文献知识图谱

资料来源：笔者自制。

使用 Citespace 中 burst detection 功能对国外相关文献进行突发性检测，进行研究热点处理得到"未成年人网络使用"的关键词突发性图谱（如图 1 - 3 所示）。"problematic internet use""parental mediation""social media""meta-analysis"这 4 个关键词是自 2019 年以来研究的热点，关注在未成年人网络使用所带来的不良影响，并开始探究"家长"作为中间变量的作用以及社交媒体在其中的影响。

Keywords	Year	Strength	Begin	End	1999–2022
personality	1999	5.43	2002	2011	
children	1999	5.58	2003	2009	
pornography	1999	5.38	2006	2011	
television	1999	5.02	2006	2009	
attitude	1999	3.67	2006	2012	
youth	1999	3.45	2008	2010	
depression	1999	3.42	2008	2009	
experience	1999	4.92	2009	2016	
identity	1999	4.72	2010	2015	
school	1999	3.46	2010	2012	
film	1999	5.69	2012	2015	
victim	1999	4.87	2012	2016	
etc	1999	4.39	2012	2015	
online communication	1999	4.22	2012	2013	
young people	1999	3.68	2012	2018	
mass media	1999	3.32	2014	2015	
social networking site	1999	3.34	2015	2017	
family	1999	4.47	2017	2019	
university student	1999	3.45	2017	2019	
problematic internet use	1999	4.23	2019	2022	
parental mediation	1999	3.78	2019	2022	
social media	1999	5.47	2020	2022	
metaanalysis	1999	3.87	2020	2022	

图 1 - 3 国外"未成年人网络使用"的关键词突发性图谱（Top 23）
资料来源：笔者自制。

从研究主题来看，国内外该领域的研究包括网络使用动机、行为特征、影响因素以及行为的影响等，分别回应了未成年人群体为何上网、如何上网、哪些因素影响上网以及上网带来哪些影响的问题。在研究方法方面，"meta-analysis"被用于相关研究，目的是对相关结论给出更具体、可信的回答。

1.3.2 有关网络素养及其影响因素的研究

互联网的出现象征大众传播跨入了"第二媒介时代",[①] 素养的内涵在计算机网络时代也在扩充。网民的网络素养对网络社会的运行秩序、问题的产生和发展具有重要影响。在移动互联、大数据、人工智能的时代背景下,未来网络素养的侧重点很可能是"利用网络参与、生产和传播信息的能力"及"网络接触行为的自我管理的智力"。[②]

对相关文献的计量分析显示,2002～2020年近二十年间国内关于"网络素养"的文献有1 094篇,呈现出如图1-4所示的知识图谱。通过聚类分析发现,"网络素养"研究包括三大类,一是环境(网络空间、新媒体等),二是对象(大学生、青少年、辅导员),三是信息(网络舆论、建议)。

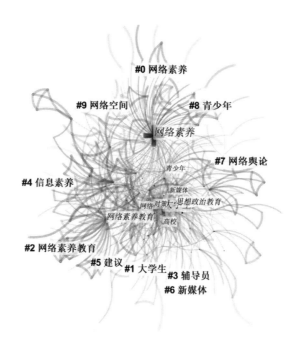

图1-4 国内"网络素养"文献知识图谱

资料来源:笔者自制。

---

① [美]马克·波斯特:《第二媒介时代》,范静哗,译,南京大学出版社2005年版,第3页。
② 钱婷婷、张艳萍:《青少年网络素养:概念演进、指标构建与培育路径》,载于《上海教育科研》2018年第7期,第42～46页。

其中，聚类最为明显的是"大学生""青少年""辅导员"三类，图谱中线条颜色代表文献的发表时间，颜色越深文献越"陈旧"，例如"大学生""青少年"的线条颜色较浅，说明此类文献是近期研究的重点，文献较新。

对 2002～2021 年国外文献进行调查，与"digital literacy + children/adolescent""media literacy + children/adolescent""information literacy + children/adolescent""cyber literacy + children/adolescent"相关的文献有 340 篇，呈现出如图 1-5 所示的知识图谱。国外研究可大致分为态度（劝服、干预）、素养（媒介素养、消费者健康）、对象（儿童、青少年）与数字鸿沟（社会不平等）等类别，其中最明显的关键词为素养、网络、劝服知识、电视和媒介。国外关于"未成年人网络素养"的研究时间跨度较长，早期的研究关注劝服和态度，之后重点是探索未成年人甄别、选择、判断信息的能力，2007 年之后，媒介素养和各类调节变量的研究成为重点。

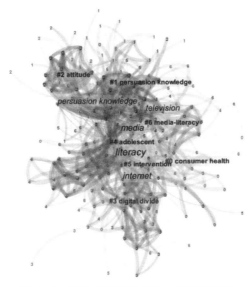

图 1-5　国外"网络素养"文献知识图谱

资料来源：笔者自制。

对国内文献进行突发性检测后得到"网络素养"图谱（见图 1-6）。"互联网+""自媒体""未成年人"这 3 个关键词是直至 2016 年以来研究的热点，尤其是"未成年人"成为近两年来学者们的研究热点。

Keywords	Year	Strength	Begin	End	2002–2020
网络	2002	4.9211	2008	2012	
建议	2002	3.2328	2009	2011	
网络时代	2002	4.128	2010	2014	
对策	2002	3.3574	2013	2015	
微博	2002	4.1077	2013	2015	
社会主义核心价值观	2002	3.9704	2014	2016	
新媒体	2002	5.417	2015	2018	
"互联网+"	2002	3.9255	2016	2020	
自媒体	2002	4.1738	2016	2020	
未成年人	2002	3.2258	2018	2020	

图 1 – 6　近二十年国内"网络素养"的关键词突发性图谱（Top 10）

资料来源：笔者自制。

对国外文献同样进行突发性检测后得到的图谱如图 1 – 7 所示。关键词"divide"，即鸿沟问题是 2007～2013 年间的研究热点，这一点与知识图谱相符合。此外，无其他明显的突发性研究热点。整体上，国外关于网络素养研究的主题较为分散，包括健康传播、媒介素养、劝服传播、数字鸿沟等方面。

Keywords	Year	Strength	Begin	End	2002–2021
divide	2002	3.24	2007	2013	

图 1 – 7　近二十年国内"网络素养"的关键词突发性图谱（Top 1）

资料来源：笔者自制。

可见，在网络繁荣发展中，国内网络素养相关研究呈现出三大新特征：一是研究对象年轻化，对大学生、青少年、儿童的网络素养问题的研究更加扎根于网络现象与问题之中；二是定量研究远少于定性研究；三是关于网络素养的理论建构相对较少。国外研究的主题则相对分散，整体呈现出两个特征：一是国外研究重视网络素养对健康等方面的影响，相关的传播策略研究较为丰富；二是关注国家和地区间的数字鸿沟带给未成年人的影响。

1.3.3　有关量表开发的研究

当前与量表开发的相关研究主要集中在管理学、医学、传播学、经济学等领域，并以实证研究为主要研究方法，进行量表的开发、测量与检验。其中传播学中的量表开发以网络为主要探究对象，国内相关期刊学术成果达 1 334 篇。

本书对 2004～2020 年近二十年间国内网络传播领域"量表开发"的 70 篇相关研究进行分析，勾勒出知识图谱（见图 1－8），并对国外传播学领域中"develop scale"于 1992～2021 年间的相关文献进行分析，绘制出如图 1－9 所示的知识图谱。通过聚类分析发现"量表开发"在国内的相关研究可分为三大类别，即量表开发相关研究、测量工具和网络素养；在国外的相关研究则可分为健康传播的影响、建议等研究（如广告诉求、软饮消费、可持续性调整、二级预防）、网络影响因素（如家长）、网络使用产生的问题、社交媒体内容等方面。从文献发表时间来看，"测量工具""网络素养""网络成瘾""社会资本"是近期研究的焦点，而国外除长期以来一直关注的健康传播方面的内容外，网络使用产生的问题、社交媒体内容成为较新的研究方向。

图 1－8 国内网络传播领域"量表开发"文献知识图谱

资料来源：笔者自制。

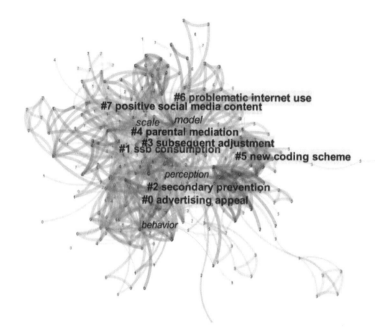

图 1 - 9   国外网络传播领域"量表开发"文献知识图谱

资料来源：笔者自制。

由于国内相关领域的论文较少且研究方向分散，并无突发性关键词，从发文频率的趋势可以看出国内各个阶段学者们的关注焦点（见图 1 - 10）。2014 年，网络传播领域中的"量表开发"迎来一波小高峰，学者们主要将研究重点聚集在管理及教育上，并逐渐开始重视起"网络成瘾"量表的编制现状及综述统计。而后对此领域的关注度逐渐下降，聚焦在商业的消费者购买动机、[1] 社群参与需求、[2] 平台创新能力[3]等，直至 2019 年起相关学术成果呈上涨趋势，"网络成瘾"重新进入学者们的聚焦点，"网络素养"也得到一定关注。

---

① 邓之宏、邵兵家：《中国消费者网络团购动机及其类型研究》，载于《统计与信息论坛》2015 年第 10 期，第 97 ~ 103 页。

② 陈李红、严新锋、高长春：《网络品牌社群参与需求结构及其测量》. 载于《东华大学学报（自然科学版）》2016 年第 2 期，第 279 ~ 286 页。

③ 潘建林：《网络平台创业能力的内涵、维度及测量》，载于《高等工程教育研究》2017 年第 1 期，第 48 ~ 54 页。

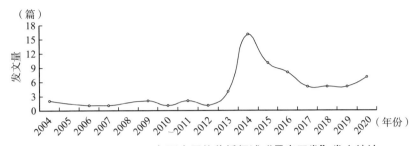

图 1 – 10　2004～2020 年国内网络传播领域"量表开发"发文统计

资料来源：笔者自制。

国外该领域的研究热点主要有两个时段（见图 1 – 11），一是 2012～2016 年"量表开发"的相关研究主要集中在"认知"层面的探究，二是2019～2021 年则是关注在"影响"因素的相关研究。

Keywords	Year	Strength	Begin	End	1992–2021
perception	1992	4.04	2012	2016	▁▁▁▁▁▁▁▁▁▁▁▁▁▁▁▁▁▁▁▁█████▁▁▁▁▁
impact	1992	3.63	2019	2021	▁▁▁▁▁▁▁▁▁▁▁▁▁▁▁▁▁▁▁▁▁▁▁▁▁▁████

图 1 – 11　国外"网络素养"的关键词突发性图谱（Top 2）

资料来源：笔者自制。

综上，尽管关于量表开发的实证研究日渐增多，但同时也暴露出一些问题：一是国内尚缺乏具有权威性的研究框架，这些量表开发的维度均带有浓厚的西方背景，缺乏对中国本土化的指导；二是量表研究检验成果较少；三是缺乏对个体认知和情感方面的考量，多限于行为维度。当前，国内量表开发的研究正逐渐由理论研究向测量检验转变，开发符合国情的标准化量表势在必行。

1.4　研究方法与路线

围绕本书提出的四个研究问题，本研究采取了理论研究与实证研究相结合的方式。通过理论研究，从信息时代网络功能与性质的演变和素养的内涵着手，结合信息素养、媒介素养的概念，分析网络素养的内涵和外延，建立起本书的概念体系；通过对布朗芬布伦纳的生态系统理论的演绎，结合相关实证研究的成果，建构了本研究的理论框架。实证研究的部分，本研究通过问卷调查和焦点小组讨论，形成了"未成年人网络素养"量表，并检验了相关变量的影响。

　　首先，在实践的基础上进行理论分析，形成网络素养的理论认识（第3章）；然后，通过开发未成年人网络素养量表并测量我国未成年人网络素养的现状（第4章）及个体差异（第5章），进而研究家庭和学校对未成年人的影响机制（第7章和第8章）。在此基础上，研究了美国、欧盟、英国、荷兰、德国、澳大利亚、新加坡、日本在推进未成年人保护方面的政策、措施与案例，进而为我国未成年网络素养提升提供理论和经验支持。研究路线见图1-12。

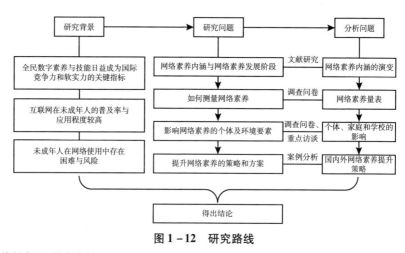

图1-12　研究路线

资料来源：笔者自制。

1.4.1　问卷调查

　　本研究使用问卷调查的方法，采用配额抽样的方法，向全国不同省份的城乡地区进行线下问卷发放，最终回收来自华东、华南、华北和华中地区12个省份的问卷2 120份，其中城市为972份（45.85%），农村为1 148份（54.13%）。被调查对象男性595人，女性690人，男女比例接近1:1，年龄区间为8~16岁（见表1-1）。

表 1 -1　　　　　　　　　　　　样本分布情况　　　　　　　　　　单位: 份

地区	省份	班级数量 (个)	城镇样本量	农村样本量	样本总数
华东	福建	2	—	102	102
	安徽	4	102	104	206
	上海	1	58	—	58
	山东	3	—	147	147
华南	广东	2	50	50	100
华北	河北	2	96	—	96
	山西	2	100	—	100
华中	河南	9	231	196	427
	河北	4	106	103	209
西南	重庆	5	133	100	233
	四川	7	96	252	348
西北	甘肃	2	—	94	94
总计		43	972	1 148	2 120

资料来源: 笔者自制。

1.4.2　焦点小组

焦点小组 (Focus Group) 是通过召集一群同质人员对于研究课题进行讨论, 从而快速得出比较深入的结论的一种定性研究方法。焦点小组讨论包含三方参与者, 即主持人和记录员, 6 ~ 12 位参与谈论者, 以及观察者。[①]焦点小组不仅便于操作, 而且更利于从微观角度深入观察未成年人在不受其他影响因素下的真实感受。

本研究通过公开招募, 组织了 84 名 8 ~ 16 岁的中小学生进行分组, 每组 8 ~ 16 人进行焦点小组讨论。焦点小组旨在探索性发现未成年人网络使用的特征、习惯以及影响因素等。

---

①　晋丹:《专题小组讨论同传中的应对策略》, 载于《中国西部科技》2010 年第 29 期, 第 86 ~ 88 页。

第 2 章　文献综述与研究设计

本章系统阐释了研究的理论依据和研究设计。首先，通过对国内外的文献综述，确立了研究所依赖的理论框架和基础理论、相关研究，提出研究假设，进而详细阐释了研究中所涉及变量的测量维度和测量方法。

2.1　文 献 综 述

网络使用是探索网络素养的前提，对未成年人网络使用行为的研究为理解网络素养的阶段性特征提供了现实基础。网络素养相关的研究是本书重要的逻辑起点。既往的研究中，有的侧重理论分析，有的侧重从未成年人或其监护人视角讨论影响其网络素养发展水平的因素，但是这些因素之间存在怎样的关系？如何把这些因素有效地统一起来需要引入更抽象或宏观的分析框架。为此，本书引入布朗芬布伦纳的生态系统理论。

2.1.1　布朗芬布伦纳的生态系统理论

未成年人的成长处在复杂多变且相互影响的环境中，以研究儿童发展为核心的发展心理学从生态学中引入一系列理论来研究环境对儿童发展的影响。其中，美国心理学家布朗芬布伦纳（Urie Bronfenbrenner）提出的生态系统理论（Ecological Systems Theory）便是典型的代表。生态系统理论是布朗芬布伦纳于 1979 年提出的一个颇具影响力的儿童发展理论模型，目前被普遍接受为发展心理学领域的领导型理论。这一理论强调儿童所处的多重系统及其之间的关联，强调儿童与系统之间、系统与系统之间关系的重要性。①

布朗芬布伦纳提出的生态系统理论认为儿童所处的生活环境是影响其发展的重要因素，研究儿童的发展问题必须研究其所在的生活环境。他认为人类发展生态学是研究"持续成长的有机体与所处的变化着的环境间相互适应的过程的学科"，有机体与其所处的即时环境相互适应的过程受各种环境之间相互关系以及这些赖以存在的更大环境的影响。② 生态系统理论将儿童发展的环境分成相互联系的系统，这一系统的核心是个体，嵌套系统由里向外依次是微系统（Microsystem）、中系统（Mesosystem）、外系统（Exosystem）、宏系统（Macrosystem），以及一个贯穿各个系统的时间系统（Choronosystem），具体关系如图 2－1 所示。生态系统理论将环境从儿童周围的环境扩展至影响儿童发展的社会、文化环境，③ 层层嵌套，以个体为中心，主要强调发展人与环境的相互作用，拓宽了儿童心理发展的研究范围。

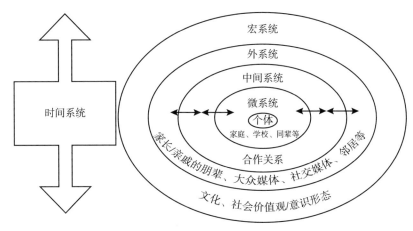

图 2－1 布朗芬布伦纳的生态系统理论

资料来源：笔者自制。

各个系统中，具体的微系统包括与未成年人直接接触的环境，即家庭、

---

① 王妍：《生态系统理论视角下儿童过度社会化的影响因素分析》，载于《基础教育研究》2021 年第 7 期，第 12 ~ 14 页。

② Urie Bronfenbrenner. The Ecology of Human Development. Cambridge：Harvard University Press，1979：21.

③ 刘杰、孟会敏：《关于布朗芬布伦纳发展心理学生态系统理论》，载于《中国健康心理学杂志》2009 年第 2 期，第 250 ~ 252 页。

学校和社区等，在这个系统里，成人对未成年人有直接的影响，未成年人直接接触的环境①也是在以儿童、未成年人作为研究对象的研究中最常见的研究维度，大部分的研究内容是从家庭、学校、朋辈等微系统展开。中系统主要包括微系统各组成部分之间的互相联系和互动，是对未成年人产生影响的因素的综合，比如家庭和社区合作、学校和家庭的配合等。外系统指会对未成年人产生影响但不直接和未成年人接触的环境系统，如大众媒体、父母工作环境②等。宏系统包括整个社会的要素构成的系统，包括文化、社会的意识形态等。时间系统指受到长时期的环境影响，它影响未成年人成长和行为的方式，布朗芬布伦纳提出的时间系统关注的是人生的每一个过渡点，并将其分为两类：正常的（如入学、青春期、参加工作、结婚、退休）和非正常的（如家庭中有人去世或病重、离异、迁居、彩票中奖）。③ 这五个系统对未成年人有直接或间接的影响。布朗芬布伦纳认为，环境是"一组嵌套结构，每一个嵌套在下一个中，就像俄罗斯套娃一样"，这就改变了此前发展学家从儿童成长环境的某个方面解释发展差异的认知方式。国内有关布朗芬布伦纳的生态系统理论视角下未成年人的相关研究总结见表2-1。

表2-1　　布朗芬布伦纳的生态系统理论视角下未成年人相关研究总结

年份	作者	系统
2005	桑标、席居哲④	个体（儿童本身） 微系统（家庭：父母、环境）
2012	武瑞芬、张萌⑤	个体（儿童本身） 微系统（家庭、同伴关系、学校） 外系统（报纸、杂志、电视、网络等传播媒介） 宏系统（文化环境）

① 郭红霞、杨桂芳：《农村隔代教养家庭早期阅读教育存在的问题及社会支持研究——基于布朗芬布伦纳生态系统理论视角》，载于《教育导刊（下半月）》2020年第6期，第7~91页。

②③ 刘杰、孟会敏：《关于布郎芬布伦纳发展心理学生态系统理论》，载于《中国健康心理学杂志》2009年第2期，第250~252页。

④ 桑标、席居哲：《家庭生态系统对儿童心理健康发展影响机制的研究》，载于《心理发展与教育》2005年第1期，第80~86页。

⑤ 武瑞芬、张萌：《儿童的媒介素养教育——以生态系统理论为视角》，载于《时代教育》2012年第21期，第112页。

年份	作者	系统
2013	杜宁娟、范安平①	外系统（父母工作单位、邻里社区、学校管理部门、学生可访问的网络站点等）
2018	俞国良、李建良、王勍②	微系统（亲子关系质量、学校环境与同伴关系） 中间系统（家校互动） 外系统（家长工作模式、社区环境、学校的课程设置与教师培训） 宏系统（城乡差异、社会心态、价值标准的变化） 时间系统（社会经济地位等）
2019	周晓春、侯欣、王渭巍③	微系统（家庭、朋辈、学校和社区） 宏系统（社会政策）
2020	郭红霞、杨桂芳	微系统（家庭、幼儿园和社区） 中间系统（家庭、幼儿园和社区之间的配合）
2021	王妍④	微系统（家庭、学校、同伴） 中间系统（家庭、学校与同伴群体之间的联系或相互联系） 外系统（大众传播媒介和社区环境） 宏系统（意识形态：不同的文化（或亚文化和社会阶层））

资料来源：笔者自制。

2.1.2　未成年人网络使用相关研究

目前，对于未成年人网络使用的研究主要包括两类，一类是以中国互联网网络信息中心（CNNIC）、共青团中央维护青少年权益部和中国社会科学院为代表的机构定期或不定期发布的跟踪性调查报告，有些学者会依据这些报告进行时间维度或群体维度的比较；另一类是就某种或某类特定的网络行为的深度分析。

---

① 杜宁娟、范安平：《从 Bronfenbrenner 生态系统理论的外层系统看儿童发展》，载于《健康研究》2013 年第 1 期，第 70 ~ 71 页和第 75 页。

② 俞国良、李建良、王勍：《生态系统理论与青少年心理健康教育》，载于《教育研究》2018年第 3 期，第 110 ~ 117 页。

③ 周晓春、侯欣、王渭巍：《生态系统视角下的流动儿童抗逆力提升研究》，载于《中国青年社会科学》2020 年第 2 期，第 97 ~ 105 页。

④ 王妍：《生态系统理论视角下儿童过度社会化的影响因素分析》，载于《基础教育研究》2021 年第 7 期，第 12 ~ 14 页。

1. 使用行为研究

从 2008 年起，中国互联网网络信息中心（CNNIC）每年会发布一份《中国青少年上网行为调查报告》，连续、系统地记录中国青少年网络使用的规模与行为特征。中国互联网网络信息中心和共青团中央维护青少年权益部从 2017 起开始，联合发布年度的《未成年人互联网使用情况研究报告》，力求全面、客观地反映未成年人的网络生活状态。2021 年 7 月发布的《2020 年全国未成年人互联网使用情况研究报告》[①] 显示，2020 年我国未成年网民达到 1.83 亿人，互联网普及率为 94.9%，比 2019 年提升 1.8 个百分点，高于全国互联网普及率（70.4%）。超过三分之一的小学生在学龄前就开始使用互联网，而且呈逐年上升趋势，孩子们首次触网的年龄越来越小。手机是未成年网民的首要上网设备，使用比例达到 92.2%。未成年网民拥有属于自己上网设备的比例达到 82.9%，其中，拥有手机的超过六成（65.0%），其次为平板电脑（26.0%）。城乡未成年人互联网普及率基本拉平，城乡互联网普及率差异由 2019 年的 3.6 个百分点到 2020 年进一步下降至 0.3 个百分点。

另一项官方调研是由中国少先队事业发展中心和中国社会科学院等机构于 2006 年启动并持续开展的"中国未成年人互联网运用状况调查"，截至 2020 年 1 月，共完成 10 次全国抽样调查，发布系列报告《未成年人互联网运用状况调查报告》。该系列报告是"中国未成年人网脉工程"子项目的重要成果，最新报告以《青少年蓝皮书：中国未成年人互联网运用报告（2021）》的形式出版。[②] 调查发现，未成年人网络素养总体水平不高，易受到个人、家庭、学校的影响；城乡未成年人网络认知态度以及网络行为存在明显差异，农村未成年人遭遇网络安全问题的比例更高；未成年人在线学习时间更长，内容质量参差不齐；青少年接触编程的年龄不断降低；网络欺凌、未成年网红、短视频沉迷等成为未成年人网络运用的新问题。汪琼基于 2007～2011 年中国互联网络信息中心（CNNIC）发布的《中国青少年上网

[①] 中国互联网发展研究中心、共青团中央维护青少年权益部：《2020 年全国未成年人互联网使用情况研究报告》，https://m.thepaper.cn/baijiahao_13672193。

[②] 中国社会科学院新闻与传播研究所、中国社会科学院大学新闻传播学院、社会科学文献出版社：《青少年蓝皮书：中国未成年人互联网运用报告（2021）》，2021 - 09 - 30.https://www.pishu.cn/zxzx/xwdt/572054.shtml。

行为调查报告》数据，描述了这五年间青少年上网时间、地点、方式的变化。研究还发现小学生爱玩游戏，中学生侧重网络娱乐和交友，农村未成年人很少网络消费和信息检索，较少采用邮件和论坛，东部地区的网络应用的丰富性高于其他地区，东北地区网络音乐的使用率远高于其他，中部地区的网络游戏使用率较高。[①] 姚伟宁针对 CNNIC 的最新数据，就 2007～2015 年间 CNNIC 九次发布的《中国青少年上网行为调查报告》，从规模与比重、群体特征、上网行为、网络运用、手机上网、城乡对比、地区对比、未成年人上网等多个角度考察了青少年上网行为的变迁，不仅时间跨度较前者更长，而且分析更为深入、维度更为多样。[②] 该研究再次证明未成年网民人数持续提高，男女性别比缩小、低龄化趋势明显，城乡差异进一步增加，城市未成年人网民在信息获取、网络娱乐、交流沟通、商务交易的使用率整体上高于农村，尤其是在网络文学、网络沟通、网上支付等使用率上，城乡之间差异加大。未成年人在搜索引擎、即时通信、网络购物、支付与网银等方面的使用率增加，博客、社交网络、电子邮件、论坛/BBS、网络交易、快捷化通信是未成年人网络运用的主要需求，而社交、网络娱乐功能的吸引力有所下降，未成年人网络游戏使用率处于下滑态势，网络沉迷的问题正在逐步改善。[③] 吴云才基于《未成年人互联网运用状况调查报告》，分析了中国未成年人网民年龄、上网地点、上网时长、频率等互联网使用行为要素的大致表现和变动趋势。该研究的主要结论与上述两个报告类似，研究还补充了学校、教师以及家庭对未成年人上网的态度和影响。[④]

除了统计报告，学者自主开展的实证研究也在不同程度上回应了上述研究发现（详见表 2-2）。王海明认为青少年网络使用行为取向为工具性和情感性；性别、文化程度和生活地域差异明显。[⑤] 此研究中网络行为的分析维度大致代表了之后研究的维度选择，即集中探讨青少年群体整体行为特殊性

---

① 汪琼：《解读〈中国青少年上网行为调查报告〉》，载于《中国教育信息化》2013 年第 17 期，第 3～7 页。

② 姚伟宁：《青少年网民群体特征与上网行为的动态变迁——历年〈中国青少年上网行为调查报告〉研析》，载于《中国青年研究》2017 年第 2 期，第 90～97 页。

③ 姚伟宁：《青少年网民群体特征与上网行为的动态变迁》，载于《中国青年研究》2017 年第 2 期，第 90～97 页。

④ 吴云才：《关于我国未成年人互联网运用状况调查报告的分析思考》，载于《中国青年研究》2012 年第 10 期，第 36～39 页。

⑤ 王海明、任娟娟、黄少华：《青少年网络行为特征及其与网络认知的相关性研究》，载于《兰州大学学报》2005 年第 4 期，第 102～111 页。

（相较于其他群体）和内部异质性（内部各群体之间）两方面。例如，程建伟等将青少年互联网使用偏好总结为由信息交流偏好、娱乐偏好和信息获得偏好组成的三维结构，而在群体内部青少年的互联网使用时间、互联网使用偏好、信息技能在人口学变量上均呈现出差异。[1] 吴瑛对上海地区中小学生网络接触习惯和网络使用习惯展开了问卷调查，结果表明，中小学生对网络有一定依赖，使用网络主要以娱乐和获取信息为取向，而年龄是影响中小学生网络行为的重要因素。[2] 黄荣怀等引入了网络生活方式的概念，将其定义为"网民在多种多样的网络应用的使用过程中逐渐建立起来的，与其物质和精神生活息息相关的生活方式"。他认为学生网络生活方式包含应用网络开展学习生活的技能、应用网络的频率和在校内校外两种场合对网络的使用情况共三个维度。[3] 田昕则从首次触网年龄、上网频次、上网目的和移动终端使用情况四部分描述邢台市区小学生网络使用情况及其年级差异特征。[4]

表 2 - 2　　　　　　　　　　　未成年人上网行为研究维度

年份	学者/研究机构	维度
2012	吴云才	网民年龄、上网地点、上网时长、频率
2012	吴瑛	网络接触模式（网络接触渠道和接触习惯）、网络使用与满足（包括网络使用目标、网络使用内容、网络使用能否得到满足）、网络接触影响（包括正面、负面、中性）
2013	汪琼	青少网上网时间、地点、方式等
2014	黄荣怀、王晓晨、周颖、董艳	网络生活方式：应用网络开展学习生活的技能、应用网络的频率、在校内校外两种场合对网络的使用情况
2015	田昕	首次触网年龄、上网频次、上网目的和移动终端使用情况
2017	姚伟宁	规模与比重、群体特征、上网行为、网络运用、手机上网、城乡对比、地区对比、未成年人上网

资料来源：笔者自制。

---

[1] 程建伟：《青少年的互联网使用偏好、信息技能及其对学业成绩的影响》，华中师范大学博士学位论文，2008 年。

[2] 吴瑛：《中小学生网络接触与使用：上海例证》，载于《重庆社会科学》2012 年第 8 期，第 51~57 页。

[3] 黄荣怀、王晓晨、周颖、董艳：《数字一代学生网络生活方式研究——北京市中小学生网络生活方式的现状调查》，载于《电化教育研究》2014 年第 35 卷第 1 期，第 33~37、44 页。

[4] 田昕：《小学生网络媒介使用行为实证研究——以邢台市区小学生为例》，河北大学硕士学位论文，2015 年。

2. 网络使用动机研究

网络使用动机即使用互联网的内在驱动力。互联网使用动机研究通常溯源至 2001 年埃里克·B. 韦泽尔（Eric B. Weiser）编制的"互联网态度调查表"（The Internet Attitudes Survey，IAS），其将互联网使用动机归纳为工具 – 信息获取（Goods and Information Acquisition）和社会 – 情感调节（social affective regulation）。[①] 徐梅等展开了"互联网态度调查表（ISA）"在中国的测验评价项目，并建立起了更适用于中国社会文化背景和网络技术发展状况的大学生网络使用"信息获取性动机 – 人际情感性动机"双因素动机模型。[②] 张锋等基于此模型构建了互联网使用动机、病理性互联网使用行为与其相关社会 – 心理健康的关系模型，并提出互联网使用动机包括信息获取性动机和人际情感性动机两种独立的模式。[③] 胡翼青基于"使用与满足"理论，将互联网使用动机归纳为四类：获取有用信息；宣泄情绪；进行情感交流；参与娱乐或打发时间。[④] 这四类需求强调了互联网使用的三个方面，即信息获取，情感调节和娱乐消遣，与双因素模型既有联系也有区别。在此基础上，一些学者重点研究青年或未成年人的网络使用动机。李健明等验证了青少年网络成瘾与成就动机之间的显著相关性。[⑤] 姜永志等调查认为，青少年移动社交网络使用动机包括信息获取、关系维持、避免焦虑、娱乐消遣、情感支持和自我展示六个方面，其中最主要动机是获取信息和关系维持。[⑥]

3. 网络失范与安全意识

中国青少年研究中心发布的《青少年网络伤害研究报告》显示，早在

---

① Eric B. Weiser. The functions of Internet use and their social and psychological consequences. CylrPsyehol & Behavior, 2001, (6)：723 – 743.

② 徐梅、张锋、朱海燕：《大学生互联网使用动机模式研究》，载于《应用心理学》2004 年第 3 期，第 8 ~ 11 页，第 7 页。

③ 张锋、沈模卫、徐梅、朱海燕、周宁：《互联网使用动机、行为与其社会 – 心理健康的模型构建》，载于《心理学报》2006 年第 3 期，第 407 ~ 413 页。

④ 谭文芳：《大学生网络使用动机类型及其与网络成瘾的关系分析》，载于《长沙大学学报》2005 年第 5 期，第 115 ~ 117 页。

⑤ 李健明、王传奇：《青少年成就动机与网络成瘾的相关研究》，载于《盐城师范学院学报（人文社会科学版）》2016 年第 5 期，第 93 ~ 96 页。

⑥ 姜永志、白晓丽、刘勇：《青少年移动社交网络使用动机调查》，载于《中国青年社会科学》2017 年第 1 期，第 88 ~ 94 页。

2008 年就已有 62.3% 青少年遇到过信息被侵犯的情况，48.3% 接触过黄色网站等不良内容；14.5% 青少年遭受过财物或身心的损害。[①] 随着互联网普及率的提高，网络带来的失范问题越发严重，未成年人的网络安全意识变得尤为重要。

钟瑛把网络失范行为归结为发布者道德失范、信息接收者道德失范、网络道德评价标准失范、网络道德控制机制的失范。[②] 黎慈通过对网络行为中的自我控制水平、网络道德观念、对网络行为规制的认识等方面调查，发现青年存在网络行为失范的情形，极容易损害国家、社会、他人的合法权益。[③] 关于失范原因，冯亮认为原因在于网络环境下"自律道德"弱化和难以形成"他律道德"。[④] 李一则更强调于主体自身的因素，认为网络失范发生与某些客观条件和主体的主观因素都有相关性，客观便利条件助长下的主体自律缺失是网络失范得以生成的内在机制。[⑤]

网络失范在未成年人群体中具有双面性。一方面，未成年人自身存在失范行为，例如林松华以弹幕语言为研究对象，总结了弹幕语言中的失范现象有用词怪异、造句随意、污言秽语、攻击性言论、网络谣言等。[⑥] 萧子扬收集了若干宿舍楼层 200 个无线局域网名称分析后发现，恐吓侮辱型 Wi-Fi 名称最多（27%），其命名过程实质上体现出一种语言失范和心态越轨，将给社会和他人造成特定的伤害。[⑦] 另一方面，网络失范也引发了未成年人的网络风险。

马丁·瓦尔克（M. Valcke）等人将未成年人互联网利用中面临的风险

---

① 中央综治委预防青少年违法犯罪工作领导小组办公室、团中央权益部、中国青少年研究中心：《青少年网络伤害课题调研报告》，中国共青团网（2009 - 12 - 09），http：//www. gqt. org. cn/documents/zqbf/201102/t20110211_448570. htm。

② 钟瑛：《网络信息传播中的道德失范及其制约》，载于《华中科技大学学报（人文社会科学版）》2002 年第 5 期，第 117 ~ 120 页。

③ 黎慈：《大学生网络行为失范的现状调查与教育对策研究》，载于《武汉公安干部学院学报》2013 年第 2 期，第 60 ~ 64 页。

④ 冯亮：《大学生网络道德行为失范及对策》，载于《教育探索》2008 年第 11 期，第 116 ~ 117 页。

⑤ 李一：《网络行为失范的生成机制与应对策略》，载于《浙江社会科学》2007 年第 3 期，第 97 ~ 102 页。

⑥ 林松华：《从语言生态角度看弹幕语言规范》，载于《闽南师范大学学报（哲学社会科学版）》2017 年第 3 期，第 69 ~ 72 页。

⑦ 裴波：《从伦理和法律的维度试论大学生网络行为失范及对策路径》，载于《淮北职业技术学院学报》2012 年第 6 期，第 26 ~ 27 页。

用结构图进行表达（见图 2 – 2），包括内容风险、联系风险和商业风险，成为多数学者接受并认可的一种模式。其中，内容风险指未成年人使用网络信息时可能受到的网络信息资源内容的负面影响，包括不良网络信息资源内容和错误、不可信的信息。联系风险包括在线联系风险与离线联系风险，如网络欺凌、性诱惑、隐私风险等。对于未成年人来说，其网络行为涉及商业活动的主要包括参与电子商务或电子广告活动，[①] 其中一个相当隐蔽的风险就是对未成年人个人数据的收集和商业开发。

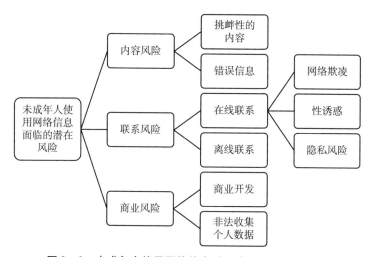

图 2 – 2　未成年人使用网络信息过程中面临的潜在风险

资料来源：M. Valcke，B. De Wever，H. Van Keer，T. Schellens. Long-term study of safe Internet use of young children. Computers & Education，2011，57（1）：1292 – 1305.

4. 未成年人网络使用影响因素

郑思明将影响青少年健康上网的因素分为内部因素和外部因素：外部因素中，家长的作用最大，其次是同伴作用，再则是社会、教师和学校，三类影响因素的作用机制依次是家长 – 社会的经验引导作用、教师 – 学校的教育指导作用、自己 – 同伴的心理参照作用，而且青少年通过互联网认识的那些具有经验、教育引导能力的其他人对青少年的健康上网行为也同样能发挥积极作用。内部因素中自制力最重要，然后是态度变量（包括青

①　M. Valcke，B. De Wever，H. Van Keer，T. Schellens. Long-term study of safe Internet use of young children. Computers & Education，2011，57（1）：1292 – 1305.

少年对互联网的态度、对健康上网行为的态度以及道德态度），再次是目标、愉快体验、乐群开朗的性格和自信心。郑思明进一步指出，各种有利因素对青少年健康上网行为的影响是有层次的，其中人格因素（自制力、自信心、乐群开朗）直接影响健康上网行为；动力认知因素（互联网态度、目标、兴趣等）通过影响人格因素继而影响健康上网行为；外部因素（家长、教师、社会等）通过影响动力认知因素影响健康上网行为。①

雷雳、柳铭心分析了青少年互联网使用行为与特定因素的关系。他们研究了青少年的外向性、神经质、社会支持和社交焦虑与互联网社交服务的使用偏好之间的关系，发现青少年在互联网社交服务使用偏好上存在着显著的性别和年级差异，同时外向性、神经质对互联网社交服务的使用偏好有直接而显著的正向预测作用，外向性通过社会支持间接地预测互联网社交服务的使用偏好外向性对社交焦虑有负向预测作用，并通过社交焦虑预测互联网社交服务的使用偏好，神经质通过社交焦虑间接地预测互联网社交服务的使用偏好。② 武海英等将青少年网络成瘾归结于互联网特性和青少年心理特征的相互作用，具体包括：互联网内容的丰富性与青少年强烈的好奇心、求知欲及较差的明辨是非能力；互联网的开放性与青少年特有的心理闭锁性及强烈的交往需要；互联网交往的虚拟性与青少年高涨的自我意识；互联网交往的自主性与青少年强烈的成人感；互联网交往的去抑制性与青少年相对薄弱的自我控制力；互联网活动中的奖赏因素与青少年的成就需要。③ 伍亚娜从外部环境入手，验证了青少年与父母亲以及同伴之间的依恋关系对其互联网使用尤其是网络成瘾的影响。④

不少研究延续前人教育学和心理学视角对青少年网络使用行为的影响进行分析，从家庭、学校环境入手，指出父母对上网时间的限制、父母对上网活动的限制、学校印象、学校性质、同学关系会影响对青少年网络使用动机，同时父母对上网时间的限制、家庭人际关系、学校印象、同学关系会影

① 郑思明：《青少年健康上网行为的结构及其影响因素》，首都师范大学博士学位论文，2007 年。

② 雷雳、柳铭心：《青少年的人格特征与互联网社交服务使用偏好的关系》，载于《心理学报》2005 年第 6 期，第 91～96 页。

③ 武海英、武刚：《青少年互联网成瘾的原因与防治》，载于《教育探索》2006 年第 7 期，第 81～83 页。

④ 伍亚娜：《青少年的依恋关系对其互联网使用的影响》，首都师范大学硕士学位论文，2007 年。

响青少年网络成瘾行为。[1] 也有的研究从青少年的人格特质、[2] 同伴依赖[3][4]
方面进行验证。

张济洲等人从城乡对比的视角分析了影响学生互联网使用行为的因素，
研究发现，家庭的阶层地位、经济资本、文化资本和家庭居住地对子女互联
网使用行为产生显著影响。优势阶层家庭、高收入家庭、大专以上文化程度
家庭和城市家庭子女，更易于形成互联网学习偏好。由此分析，学生互联网
使用行为中的学习偏好或者娱乐偏好，与社会阶层背景密切相关，社会处境
不利家庭背景子女更易于形成娱乐偏好。应该看到，城乡不同阶层学生互联
网使用方式差异实际是社会不公平和教育不公平在信息领域中的反映，城乡
学生互联网使用方式差异较之信息资源配置差距更具有隐蔽性。[5]

上述研究有的侧重个体因素，有的侧重环境因素，有的从社会结构的
宏观视角对青少年或未成年人上网的因素进行了研究，这些因素可以总结
为表2-3。

表2-3　　　　　　　未成年人互联网使用行为的影响因素总结

年份	作者	因素
2005	雷雳、柳铭心	人口特征（性别、年级） 互联网社交服务使用偏好（外向性、神经质）
2006	武海英、武刚	互联网特性（内容丰富性、开放性、交往虚拟性、交往自主性、交往去抑制性、活动奖赏）
2007	郑思明	人格因素（自制力、自信心、性格）， 动力认知因素（态度、目标、兴趣）， 外部因素（家长、同伴、社会、教师、学校）
2007	伍亚娜	父母，同伴

---

① 江宇、黄刚：《家庭和学校环境对青少年互联网使用的影响——一项关于北京市高中生互联网使用的研究》，载于《湖南大众传媒职业技术学院学报》2008年第1期，第36~42页。

② 张洋洋：《青少年人格特质与同伴依恋的关系对互联网社交服务使用偏好的影响研究》，南京师范大学硕士学位论文，2012年。

③ 田艳辉、单洪涛：《青少年人格特质与互联网使用偏好的关系》，载于《现代中小学教育》2015年第5期，第50~55页。

④ 郭兆慧：《初中生同伴关系与互联网使用的关系研究》，南昌大学硕士学位论文，2016年。

⑤ 张济洲、黄书光：《隐蔽的再生产：教育公平的影响机制——基于城乡不同阶层学生互联网使用偏好的实证研究》，载于《中国电化教育》2018年第11期，第18~23、132页。

续表

年份	作者	因素
2008	江宇、黄刚	家庭因素（父母对上网时间的限制、父母对上网活动的限制、家庭人际关系）， 学校因素（学校印象、同学关系、学校性质、相对学习成绩）
2009	雷雳、伍亚娜	人口特征（性别、年级）， 同伴依恋（同伴信任、同伴沟通、同伴疏离）
2012	张洋洋	人口特征（性别、年级）， 同伴依恋（同伴信任、同伴沟通、同伴疏离）， 人格特质（开放性、情绪性、外向性）， 互联网社交服务使用偏好
2015	田艳辉、单洪涛	人口特征（性别、家庭所在地、年级）， 人格特质（外向性、开放性、情绪性）， 同伴依恋
2016	郭兆慧	年级，同伴关系
2018	张济洲	家庭因素（阶层地位、经济资本、文化资本、居住地）

资料来源：笔者自制。

2.1.3 未成年人网络素养影响因素

1. 媒介素养、信息素养与网络素养

1997 年，卜卫的一篇《论媒介教育的意义、内容与方法》将西方媒介素养的概念引入中国。2004 年，中国传媒大学举办的中国首届媒介素养教育国际学术论坛开启了中国媒介素养理论与实践的研究。媒介素养在中国的发展大致可以分为三个阶段：1997～2003 年，为引入和吸纳的萌芽期，研究重点是强调中国对媒介素养的"需求"；2004～2009 年，随着国际环境的驱动和社会媒介化的发展，中国媒介素养研究领域呈燎原之势，媒介素养研究数量大幅上升，并出版了第一部媒介素养研究专著《媒介素养概论》；2010 年后媒介素养研究迅速发展并本土化。张开和丁飞思在《回放与展望：中国媒介素养发展的 20 年》对媒介素养的理论探索、教育实践、政策环境进行了全面、系统的梳理，指出过往 20 年中国媒介素养研究取得的成就以及遇到的问题，提出未来媒介素养发展需要从学理上分析阐释媒介素养的内

涵与外延，从教育学上对媒介素养深度研究，从创新扩散视角研究媒介素养的未来推广。[①]

高欣峰、陈丽对我国政府文件和国际组织报告中信息素养、数字素养与网络素养的使用进行了内容分析。研究发现，"信息素养"更多地出现在教学语境中，与中小学信息技术教育以及师生信息技术能力提升紧密相关。我国政府话语体系中的"网络素养"重视"道德""思政""安全""法制"等网络文明相关的内容。[②] 王伟军等人对国内外网络素养的研究进行了文献梳理和分析，指出网络素养这一概念主要缘起于信息素养和媒介素养，并对信息素养、媒介素养、数字素养和网络素养这些概念的内在联系与区别进行了辨析。信息素养是信息时代的产物，强调信息的工具性，突出人在信息时代如何收集、利用和批判反思信息。媒介素养是针对媒介以各种形式访问、分析、评估和产生交流的能力。而网络素养是在互联网环境下产生的，是网络时代个体生存与发展所需的技能。网络素养主要包括以下内容：（1）网络知识，即认知网络环境与应用网络能力的成分；（2）辩证思维，辩证对待网络信息和人与网络关系的成分；（3）自我管理，即自我行为约束和避免网络伤害的成分；（4）自我发展，即应用网络良好发展自我的能力的成分；（5）社会交互，即个人与网络社会交互影响的成分。[③] 关于网络素养的研究除网络素养概念及其意义的探讨之外，还包括网络素养评价研究、网络素养影响因素研究和网络素养教育研究与实践。

2. 未成年人网络素养影响因素

国内关于未成年人网络素养影响因素的研究主要关注学校教育方面因素。杨允在《初中生网络素养现状及教育对策研究》中从网络知识、网络能力和网络道德三个方面对初中生的网络素养进行描述，并将其网络素养整体偏低的状况归因于网络素养意识淡薄、网络素养教育的缺失和初中生受众主体性的欠缺几方面。[④]

---

① 张开、丁飞思：《回放与展望：中国媒介素养发展的 20 年》，载于《新闻与写作》2020 年第 8 期，第 5～12 页。

② 高欣峰、陈丽：《信息素养、数字素养与网络素养使用语境分析——基于国内政府文件与国际组织报告的内容分析》，载于《现代远距离教育》2021 年第 2 期，第 70～80 页。

③ 王伟军、王玮、郝新秀、刘辉：《网络时代的核心素养：从信息素养到网络素养》，载于《图书与情报》2020 年第 4 期，第 45～55、78 页。

④ 杨允：《初中生网络素养现状及教育对策研究》，辽宁师范大学硕士学位论文，2007 年。

　　戴甜甜对青少年的网络使用情况、网络安全情况和网络素养教育情况等进行探析，发现青少年接受的网络素养教育情况会对其网络安全情况产生影响，主要体现在认知和行为层面。网络素养教育对青少年网络安全的主体性建构有一定的积极作用，青少年接受的网络教育课程时长越长，对课程的认可度越高，对网络安全的认知水平越高。网络素养教育还能够通过提高青少年的网络安全认知水平，间接作用于上网体验感和网络风险行为，增强网络素养教育效果。[①] 纪政围绕家长数字媒介素养水平、家庭沟通方式、亲子互动类型三个方面分析其与青少年数字媒介素养间的影响关系。研究发现，家长数字媒介素养水平与青少年数字媒介素养水平相关性不大，而在青少年数字媒介的使用、认知、参与和信息评估四个维度方面之间存在着显著的相关关系，应重视青少年在数字媒介素养教育中的主体地位，激发调动其自我教育的积极作用。此外，数字媒介素养较高的家长一般倾向于选择"多元型"的沟通方式，相应地，该类家庭中的青少年数字媒介素养也较高，然而这不适用于其他的家庭环境。"活动参与类"亲子互动类型与青少年数字媒介素养水平呈现显著的正向相关关系，家长在数字媒介素质教育过程中应结合具体的家庭状况和青少年自身特点选择合适的沟通方式，积极主动参与数字媒介教育活动，注重数字媒介教育的整体性。[②]

　　研究发现，未成年人的网络素养受到自身条件的影响，同时也是贫富阶层、居住地区、家长、学校、同伴以及包括大众媒体在内的社会因素共同作用的结果。2008 年，乌韦·哈斯布林克（Uwe Hasebrink）和索尼娅·利文斯通（Sonia Livingstone）等人借鉴布朗芬布伦纳[③]的生态系统理论提出了"EU-KO 儿童上网风险模型"（The EU Kids Online original model of children's online risk of harm）（见图 2-3）。

　　乌韦·哈斯布林克提出的"EUKO 儿童上网风险模型"在测量儿童的上网行为的风险与机遇时，个体的年龄、性别以及家庭的社会阶层（如父母的收入、受教育程度、城乡地区等）等社会人口因素都会影响儿童对网络的接触、使用技巧和态度。作为影响变量，父母、老师、同伴都会对未成年人的

---

　　① 戴甜甜：《网络素养教育视角下青少年网络安全主体性的影响因素研究》，暨南大学硕士学位论文，2020 年。

　　② 纪政：《家庭教育视域下青少年数字媒介素养影响因素研究》，上海师范大学硕士学位论文，2021 年。

　　③ Bronfenbrenner U（1979）The Ecology of Human Development：Experiments by Design and Nature. Cambridge，MA：Harvard University Press.

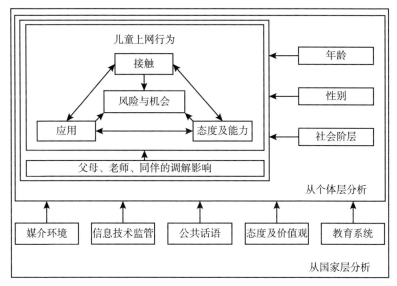

图 2 - 3　EUKO 儿童上网风险模型（2008 版）

资料来源: Hasebrink, Uwe and Livingstone, Sonia and Haddon, Leslie（2008）Comparing children's online opportunities and risks across Europe: cross-national comparisons for EU Kids Online. EU Kids Online（Deliverable D3. 2）. EU Kids Online, London, UK.

网络使用情况产生影响作用。参考布朗芬布伦纳的生态系统理论，国家层面的宏观社会因素也对儿童个体的网络体验及个人成长产生关键影响，这些因素包括媒介环境、信息技术监管、公共话语、态度及价值观以及教育系统，从而丰富了网络使用的不同类型的环境效应。基于"上网风险模型"，学者们从微观、中观、宏观的角度构建了新的模型。在新模型框架中，宏观（国家层）、中观（社会层）、微观（个人层）各个层次之间的影响过程都可能是双向互动的，即无论是线上还是线下，未成年人使用互联网的行为肯定会受到家庭、学校、同龄人、社区的影响。

"全球在线儿童"（Global Kids Online）是联合国儿童基金会 Innocenti 研究室（UNICEF Office of Research-Innocenti）、伦敦政治经济学院（London School of Economics and Political Science, LSE）和欧盟儿童在线网络（EU Kids Online）之间的一项合作计划，旨在进行实证研究，将数字时代儿童福利和权利政策与实际解决方案的国际对话相联系，特别是在南半球地区。"全球在线儿童"项目形成了一套成熟的儿童上网行为研究方法，其中包括一系列定性与定量研究方法。在定性研究中，研究人员通过个人访谈和焦点小组等方式收集该地域儿童上网的第一手资料，围绕未成年上网的接触性使用、实践与能力、机会与风险、福祉和权利、社会因素及数字生态等七个核心模块（见表2-4）洞察未成年上网的行为和动机，以及这些行为和动机对未成年网络使用带来的影响。[①] 在定量研究方面，"全球在线儿童"整合了一份调查问卷，其中包括儿童的身份与资源、接触性使用、机会和实践、数字生态、技能、风险和危害、非意愿性行为经历、福祉、家庭因素、学校因素、同伴与社区因素及受访者家长共十二个模块（见表2-5），用以收集和测量儿童上网行为的特征以及揭示各种因素之间的相互作用和发展趋势。[②]

表2-4 全球在线儿童定性研究模块

	模块	内容
模块一	接触性使用	研究儿童上网的接触性使用，例如在日常生活中如何接触到网络，使用什么设备上网
模块二	实践和能力	研究儿童网上行为和能力，例如上网做什么，应该做什么，能够做什么
模块三	机会	研究儿童上网的机遇，例如上网的动因，上网的好处，如何把握网上的机遇
模块四	风险	研究儿童上网的风险，例如在网上遇到什么问题或挑战以及如何应对这些困难
模块五	福祉和权利	研究儿童上网的福祉和权力，例如互联网在何种程度上保障或削弱了儿童上网的权益
模块六	社会因素	研究影响儿童上网的社会因素，包括家庭、学校、同伴及社区如何为儿童的网络使用带来积极和消极的影响
模块七	数字生态	研究儿童网络使用的数字生态，例如会浏览哪些网络平台和应用程式，具体会使用什么功能和服务

资料来源：笔者自制。

---

① GLOBAL KIDS ONLINE（2016）. RESEARCH TOOLKIT｜Qualitative guide ［OL］. http：// globalkidsonline. net/wp-content/uploads/2016/04/Qualitative-toolkit-guide-final－26－Oct－16. pdf.

② GLOBAL KIDS ONLINE（2016）. RESEARCH TOOLKIT｜Quantitative guide ［OL］. http：// globalkidsonline. net/wp-content/uploads/2016/04/Survey-toolkit-guide-final－21－Oct－2016. pdf.

表 2 – 5　　　　　　　　　　　全球在线儿童的定量研究模块

模块		内容
模块一	儿童的身份与资源	研究儿童的身份与资源用以甄别研究对象的个人信息 网络身份的塑造往往与孩子现实生活中的物质条件相关，资源丰富条件优越的孩子相对而言拥有更高的网络使用能力 该部分主要统计儿童人口统计的相关特征，包括年龄，性别、社会经济背景、心理特征、身心健康、能力、经历和脆弱性等指标
模块二	接触性使用	研究儿童上网的接触性使用，包括首次上网的年龄、上网频次、上网场所、上网设备，以及阻碍上网的因素
模块三	机会和实践	研究儿童网络上的机遇和行为，包括上网会做什么，是否觉得上网是愉快的、积极的体验，多大程度参与到网上学习、网络社交、公民参与、创意表达、网上娱乐、个人兴趣、网络商业等网络空间的行为中
模块四	数字生态	研究儿童网络使用的数字生态，包括通常浏览什么网站或应用程序，在社交网站上的聊天模式、个人表达和安全意识
模块五	技能	研究与儿童上网相关的技能，包括基本操作、浏览信息、社交技巧、创造性表达以及使用移动设备相关的技能
模块六	风险	研究儿童可能在网上遭遇到的不利因素，包括结识陌生人、伤害他人或被他人伤害，自愿或非自愿地接触不良内容，网络成瘾，以及上网可能招致的线下风险
模块七	非意愿性经验	研究儿童在网络上可能接触到的与性相关的内容，包括一系列与儿童色情相关的线上露出和实质伤害
模块八	福祉	研究儿童在经济条件（所能享受到的基础设施，因地域而异）、情感心理（自我效能）、和社会因素（来自家人、同伴、师长、和社区的支持）等三个方面的幸福指数
模块九	家庭	研究和评估儿童与父母的关系，父母/监护人或任何其他亲属如何影响孩子对互联网的使用
模块十	学校	研究和评估儿童对学校生活的整体感受，老师如何影响学生对互联网的使用
模块十一	同伴和社区	研究和评估儿童与同龄人的关系，同龄人如何影响研究对象对互联网的使用；所在社群/社区的文化、观念对儿童使用互联网的影响

模块		内容
模块十二	受访者家长	研究受访者父母的上网频次、上网设备、上网能力及对互联网的看法等网络使用情况，了解父母的教育与就业情况，宗教信仰，是否患有残疾等背景信息

资料来源：笔者自制。

2.2　研　究　假　设

根据研究设计，对个体和微系统的影响因素分析采用了定量分析的方法，设计的变量包括个人、家庭和学校，因此根据既往理论和实证研究的成果，本书提出以下假设：

H1：网络素养受到个体差异的影响；

H2：网络素养受到家庭因素的影响；

H3：网络素养受到学校因素的影响。

2.2.1　个体差异影响未成年人网络素养

在针对个体因素进行研究时，不仅要将个体的生理因素纳入考量，心理因素也需要探究。儿童心理学对未成年人为对象的研究给予了一定指导性意义。儿童心理学以个体从出生到青年初期的发展对象为研究对象，强调了生长环境对人类个体意识和心理发展的显著影响。生长环境能一定程度上影响着个体的行为，在接触、处理事物时，未成年人的选择与其经历息息相关，体现着未成年人对现有信息的接受与处理能力，反映着教化结果。

在信息爆炸的时代，未成年人接收的信息纷杂，面对烦琐的网络信息需要具备一定的能力进行筛选。身为网络"原住民"的未成年人，使用网络自发搜寻信息的行为则体现着其网络素养的程度。

本研究在个体层面强调的是个人在网络应用过程中具有主观能动作用，而不是被动地适应超越个人层次的互联网时代的力量。根据前文文献提供的线索，个体差异对未成年人网络素养的影响体现在两个方面：一是个体的人口统计特征（见图2-4），例如年龄、性别、居住地等；二是网络使用特征

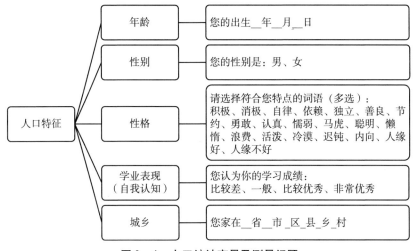

图 2 - 4　人口统计变量及测量问题

资料来源：笔者自制。

（见图 2 - 5），包括网络接触的时间，网络接触的便捷性，网络使用频率以及网络使用层次等。

H1 - 1：网络素养受到个体人口统计特征的影响。

H1 - 1 - 1：网络素养与年龄正相关关系，年龄越大，网络素养越高。

H1 - 1 - 2：网络素养在性别之间存在显著差异，男性比女性的网络素养高。

H1 - 1 - 3：网络素养受到性格差异的影响，性格越积极正面，网络素养越高。

H1 - 1 - 4：网络素养与自评学业表现之间存在显著正向相关关系，自我认知学习表现越高，网络素养越高。

H1 - 1 - 5：网络素养在城乡之间存在显著差异，城市未成年人网络素养高于乡村未成年人。

H1 - 2：网络使用行为影响网络素养。

H1 - 2 - 1：网络接触越多，网络素养越高。

H1 - 2 - 1 - 1：网龄越长，网络素养越高。

H1 - 2 - 1 - 2：网络接触越便捷，网络素养越高。

H1 - 2 - 1 - 3：网络接触越频繁，网络素养越高。

H1 - 2 - 2：网络使用层次越高，网络素养越高。

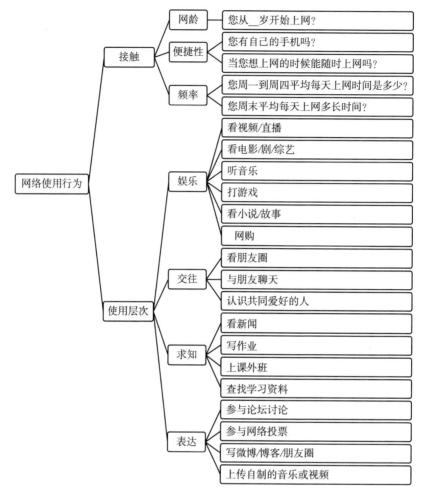

图 2 - 5 网络使用行为变量及测量问题

资料来源: 笔者自制。

2.2.2 家庭因素影响未成年人网络素养

"人有六年左右的时间处于幼年期, 也就是说, 这是完全依赖他人的时间, 此后的 14 年是少年期。这样, 整个生命的 15% ~ 25% 的时间是依赖他们父母的。"[1] 家庭作为社会系统中最基本单位, 由父母与孩子组成,

---

[1] [美] 戴维·波普诺:《社会学 (第十一版)》, 李强, 等译, 中国人民大学出版社 2007 年版, 第 154 页。

它是影响个人早期发展最近端且最持久的生态子系统，是未成年儿童人生启蒙的首要场所。儿童在年幼时普遍缺乏主动性和思辨能力，他们需要引导。父母作为抚养人、孩子的依赖对象，在儿童成长的心智发展和个体意识成型时期起着举足轻重的作用。

从社会学的理论视角出发，家庭因素是影响个体发展的关键因子，是考察未成年人素养的关键理论维度之一。一般的未成年儿童是在家庭中通过对父母的模仿逐渐习得社会基本规则的，未成年儿童虽然早早地接触网络世界，但网络素养不是自发形成与发展的，需要被他人教育、引导、干预和支持，父母等家庭成员对未成年人网络素养的启蒙培育至关紧要。

根据已有的文献研究可知，家庭因素对未成年人网络素养的影响体现在三个方面：一是父母阶层，包括父母的文化程度和职业；二是家庭关系，包括家庭结构、家庭氛围和亲子关系；三是家庭指导，包括父母陪伴、父母的上网态度和父母的上网行为示范（见图 2-6）。

H2-1：网络素养受到父母阶层的影响。

H2-1-1：网络素养与父母文化程度呈正相关关系，父母文化程度越高，网络素养越高；

H2-1-2：网络素养受父母职业的影响，父母所属职业的社会经济地位越高，网络素养越高。

H2-2：网络素养受到家庭关系的影响。

H2-2-1：网络素养受家庭结构的影响，家庭结构的稳定性越高，网络素养越高；

H2-2-2：网络素养受家庭氛围的影响，家庭氛围越和谐，网络素养越高；

H2-2-3：网络素养受亲子关系的影响，亲子关系越良好，网络素养越高。

H2-3：网络素养受到家庭指导的影响。

H2-3-1：网络素养受父母陪伴的影响，父母陪伴越多，网络素养越高；

H2-3-2：网络素养受父母态度的影响，父母对子女上网的态度越积极，网络素养越高；

H2-3-3：网络素养受父母示范的影响，父母较为频繁的上网行为对子女产生更为积极的示范效应，网络素养更高。

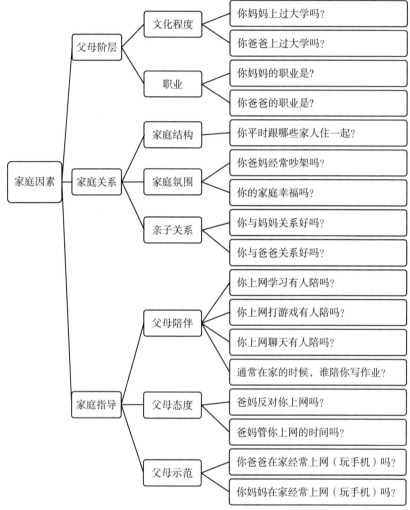

图 2 - 6　家庭因素及测量问题

资料来源：笔者自制。

2.2.3　学校因素影响未成年人网络素养

《儿童蓝皮书：中国儿童发展状况报告（2020）》显示，中国四省市学生平均校内课堂学习时间为每周 31.8 小时，[①] 即平均工作日在校最少 6 小

————————

① 中国儿童中心课题组：《儿童蓝皮书：中国儿童发展状况报告（2020）》，中国儿童中心（2021 - 03 - 27），https：//www. ccc. org. cn/art/2021/3/27/art_463_28822. html。

时。随着年龄的增长，儿童在校时长越长。《儿童蓝皮书：中国儿童发展报告（2019）——儿童校外生活状况》报告显示，初中段校外生活则主要围绕学业展开，他们到校时间最早，但离校时间最晚，在校时间最长。[①] 学校成为未成年人成长过程中的重要场所。

学校环境及教育构成了未成年人在义务教育阶段的校园生活，与教师群体及同伴的沟通互动是未成年人的社会化过程，这进一步影响了个体的性格塑造和交流能力。正如布朗芬布伦纳的生态系统理论所指出的，各个系统相互嵌套，相互影响。

综合前述文献，学校因素对未成年人网络素养的影响主要集中在以下四个层面：一是教师，既包括教师自己的互联网使用行为对未成年人的示范作用，也包括教师对未成年人使用互联网的态度；二是学校教育，包括网络应用教育、网络安全教育和网络实践教育；三是环境，指向学生在学校所能感受到的学习氛围，这由教师们、班级同伴们共同营造；四是同伴，包括网络使用在同伴间的知识扩散、同伴间的社交需求（见图 2-7）。

H3-1：网络素养受到教师的影响。

H3-1-1：网络素养受教师网络使用行为的影响，教师更加积极使用网络设备进行教学活动，未成年人的网络素养较高；

H3-1-2：网络素养受教师网络使用态度的影响，教师对网络使用的态度越积极正面，未成年人的网络素养越高。

H3-2：网络素养受到学校教育的影响。

H3-2-1：网络素养受学校网络应用教育的影响，接受过网络应用教育的未成年人，其网络素养更高；

H3-2-2：网络素养受学校网络安全教育的影响，接受过网络安全教育的未成年人，其网络素养更高；

H3-2-3：网络素养受学校网络实践教育的影响，接受过网络实践教育的未成年人，其网络素养更高。

H3-3：网络素养受到校园学习氛围的影响。

H3-4：网络素养受到同伴的影响。

H3-4-1：网络素养受同伴间知识扩散的影响，同伴推荐的网络知识和信息越多，未成年人的网络素养越高；

---

① 中国儿童中心：《儿童蓝皮书：中国儿童发展报告（2019）——儿童校外生活状况》，百度网（2019-08-20），https://baijiahao.baidu.com/s？id=1642381232600450024&wfr=spider&for=pc。

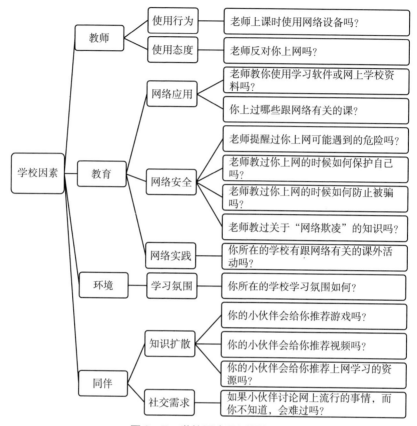

图 2 - 7　学校因素及测量问题

资料来源：笔者自制。

H3 - 4 - 2：网络素养受同伴间社交需求的影响，网络社交带来的焦虑感越强烈，未成年人的网络素养越高。

2.3　测　　量

测量是社会研究的重要环节，实证研究实际上是对社会现象进行观察与测量。[①] 在社会科学中，研究者们试图测量的现象往往由理论衍生，理论在构建测量问题中扮演着重要的角色。本研究的重点虽然在理论构建的测量部

---

① 袁方：《社会研究方法教程（重排本）》，北京大学出版社 2013 年版，第 122 页。

分，探索各个变量是否存在一定的影响，但并非所有的测量都需要理论的支撑，例如民意调查、品牌选择等此类不需要得出深层原因的结果。因为对于这类调查，调查者所关注的是结果，而非结果背后可能隐藏的深层动机。因此，测量更注重的是研究目的，研究目的决定了测量的性质。网络素养影响因素的测量目的是将抽象的假设概念分解和编码成方便进行测量和统计的具体指标，以对研究假设进行验证。本研究需要深挖影响因素的动机与联系，理论支持必不可少，生态系统理论是本研究科学合理的理论依据。本小节采用问卷调查法，主要从人口统计特征、互联网使用行为、家庭因素、学校因素四个方面对不同概念的维度进行正确的赋值，以设计科学合理的问卷，从而对网络素养各影响因素进行量化分析。

2.3.1　人口统计特征的测量

人口统计是一种从"量"的方面去研究人口现象的方法或学问。通过人口统计，可以揭示人口过程的规律性和人口现象的本质。在研究中，通过人口统计，可以了解社会普遍情况，总结现象与个体间的内在关系，使人口发展同经济和社会的发展相适应，从而深入理解社会。通常，人口统计特征是指被调查者的年龄、性别、婚姻情况、收入、职业、受教育程度等统计特征。

基于未成年人的特殊性，在择取人口统计特征的测量时，主要可分为三大类。一是基本情况，包含"年龄""性别"，从生理简单勾勒出"人"的特性。二是自我认知，从"性格""学业表现"上突显未成年人的自我意识，只有当人具有自我意识的能力，才能做出自我评价，它对人的自我发展、自我完善、自我实现有着特殊的意义。自我认知也具有重要的社会功能，它极大地影响人与人之间的交往方式，也决定着一个人对待他人的态度，还影响对他人的认知。三是地域，不同地域居民之间的收入、基础设施建设的差距，对信息资源的不平等接触，使得信息鸿沟差异显著，尤其在城乡差异上体现得更为突出，未成年人所在地域的这一外在因素也应当在测量中突显。因此，本研究将"年龄""性别""性格""学业表现（自我认知）""家庭所在地（城乡）"五个解释变量纳入问卷中，具体的问卷设计如表 2 - 6 所示。

表 2 - 6　　　　　　　"人口统计特征"问卷设计

编码	问题陈述	备择选项赋值
V1	你出生于___年___月___日	（无）
V2	你的性别是？	男 = 1，女 = 2
V3	请选择符合你性格特点的词语（多选）	积极，消极，自律，懒惰，独立，依赖，善良，冷漠，节约，浪费勇敢，懦弱，认真，马虎，聪明，迟钝，活泼，内向，人缘好，人缘不好
V4	你认为你的学习成绩？	比较差 = 1，一般 = 2，比较优秀 = 3，非常优秀 = 4
V5	你家在___省___市___区___乡___村	（无）

其中，V2"性别"和V4"学业表现"被设置为单选题，将被试群体严格地分类，分成几类不同的群体；V1"年龄"和V5"家庭所在地"被设置成填空题，操作更为灵活，被试者易于回答，但问卷回收后需要进一步的清理数据，进行归纳和编码；V3"性格"变量以多选题的方式进行测量，以"积极"和"消极"这两个大类将性格进行划分，具体给出了20个备择选项，即10组性格的反义词，如"积极 vs. 消极""认真 vs. 马虎"等。

黄希庭等教授认为"性格是指与社会道德评价相联系的人格特质，即后天形成的品格"，[1] 即个体体现出的性格除却自身先天因素，更多的是由外界环境影响所产生的一定反馈。社会大环境的影响是复杂且不易控制的，既有积极向上的一面，也有消极的一面。被试者的自我评价能在一定程度上反映自身所在的社会环境。因此，在实际的样本处理中，通过引入"性格积极开放度"概念，对V3"性格"进行赋值，转化成可以进行相关分析的连续型变量，探究更深层次的内在联系。

2.3.2　互联网使用行为的测量

心理学认为，行为是指人在主客观因素的影响下而产生的外部活动，既包括有意识的，也包括无意识的。[2] 通常，人的行为（社会行为）是有意识、

---

[1]　黄希庭、杨志良、林崇德：《心理学大辞典》，上海：上海教育出版社2004年版，第1461页。
[2]　王翔朴、王营通、李珏声：《卫生学大辞典》，青岛：青岛出版社2000年版，第819页。

有目的的行为。科技与时俱进的世界中，人们有意识地顺应时代的发展，使用互联网来满足某一目的。为了量化这一行为过程，可将互联网使用行为分为网络接触和互联网使用层次两个理论维度。

首先，时间、渠道、频次这三个维度是网络接触测量的良好的切入点。第一，从时间上判断受试者对互联网的浸淫程度，具体体现为"网络接触的时间（网龄）"；第二，从渠道上明晰受试者使用互联网的自主权程度，体现为"网络接触的便捷性"；第三，从频次上了解受试者对互联网的"成瘾"程度，体现为"网络使用频率"。具体的问卷设计如表2-7所示。

表2-7　　　　　　　　　　　　"网络接触"问卷设计

编码	变量	问题陈述	备择选项赋值
V6	首次上网年纪	你从_____岁开始上网	（无）
V7	是否有手机	你有自己的手机吗	有=1，没有=0
V8	是否能随时上网	当你想上网的时候能随时上网吗	能=1，不能=0
V9	工作日上网时长	你每周一到周四平均每天上网多长时间	不上网=0，15分钟以下=1，15~30分钟=2，30分钟~1小时=3，1小时以上=4
V10	周末上网时长	你每周末平均每天上网多长时间	不上网=0，30分钟以下=1，30分钟~1小时=2，1~3小时=3，3小时以上=4
V11	网络使用层次	你通常上网做什么（多选）	（略）

网龄广义上是指互联网用户第一次接触网络到答题时间隔的时间。作为网络原住民的当代青少年群体，接触网络的年龄普遍较小，难以准确判断自己的真实网龄，本研究仅考察被访者能够记事的第一次触网年纪，对其网龄进行模糊测量。网龄对未成年人的网龄素养影响主要基于网络生态环境接触的广度，是测量未成年人对互联网使用的基础指标。为了减少被访者的答题负担，对网龄变量的测量并不是通过直接的问卷获取，而是被访者V1"年龄"减去V6"首次上网年纪"的差值。

尽管手机在互联网时代被视为人"肢体的延伸"，但对于未成年人是否能拥有手机这一议题仍具有较大争议。不少家庭、学校等管控力度大，未成年人对于手机的自主权不如成年人自由，因此，在对网络接触便捷性变量进行测量时，涉及 V7"是否有手机"和 V8"是否能随时上网"两个二分类变量，再通过交叉列联表对这两个变量进行统筹分析。科技带来的教育、社会议题，在使用频率变量的测量中同样存在。在此情况下，学龄儿童使用互联网于工作日和周末的上网频率具有较大的差异，为了数据比较的合理性以及备择选项的适用性，本研究分别从工作日和周末两个维度来考察未成年人的日均上网时长，问卷测量的具体问题包括 V9"工作日上网时长"以及 V10"周末上网时长"。

其次，网络使用层次是基于马斯洛需求层次理论提出的概念，基于用户对互联网使用层次的高低（娱乐＜交往＜求知＜表达），通过加权法对不同需求层次的互联网使用行为重新进行赋值。对较高需求层次的互联网使用行为进行权重提升，能够更好地契合网络素养概念对使用价值的偏向。与使用频率的沉浸式深度不同，使用层次主要考察价值的深度，既有基于工具性的使用价值，亦有基于空间性的个人发展和自我实现的价值，这些价值并不冲突，且能共存。因此，对 V11"网络使用层次"的测量主要通过设置多项选择题实现。

基于不同需求层次，题目的备择选项被分为如下四个层级：

（一）娱乐：听音乐、打游戏、看视频/直播、看小说/故事、看电影/剧/综艺、网购；

（二）交往：看朋友圈、与朋友聊天、认识共同爱好的人；

（三）求知：写作业、看新闻、上课外班、查找学习资料；

（四）表达：参与论坛讨论、参与网络投票、写微博/博客/朋友圈、上传自制的音乐或视频。

2.3.3　家庭因素的测量

家庭是社会组织中的基本单位。E. W. 伯吉斯和 H. J. 洛克在《家庭》一书中提出这样的定义："家庭是被婚姻、血缘或收养的纽带联合起来的人的群体，各人以其作为父母、夫妻或兄弟姐妹的社会身份相互作用和交往，创造一个共同的文化。"[①] 从我国思想政治教育的角度来讲，家庭作为微系统的环境系统，主要是指长的思想素质和行为规范对家庭成员尤其是对子

---

① 中国大百科全书：《社会学卷》，北京：中国大百科全书出版社 1991 年版，第 102 页。

女思想品德的形成、发展的影响氛围。① 长时间陪伴在孩子身边的父母，自身的文化修养、道德水准以及一言一行对孩子品德的塑造、气质的形成、人格的完善等都将起到潜移默化的作用。

本研究以未成年人群体为调查对象，问卷调查的问题设置始终保持结构简洁和信息明确的特质。为了保证调查的完整性，父母阶层变量被分解成"文化程度"和"职业"两个理论维度，具体通过 V12"母亲文化程度"、V13"父亲文化程度"、V14"母亲职业"以及 V15"父亲职业"四个具体的变量进行测量。考虑到低龄儿童的理解能力，本研究对父母文化程度的测量问题摒弃传统的定序变量设置，而是直接设置为"是否上过大学"的二分变量，使问卷的问题简洁明了，易于答卷者迅速判断并作答。

在对家庭关系变量的考察中，对 V16"家庭结构"变量的测量，需要引入"稳定性"这一涉及程度表述的概念进行赋值。家庭结构的稳定性是基于家庭类型的层次划分所定义的特征变量，在本研究中被分为稳定和不稳定两个层次。社会学研究领域普遍将家庭类型分为五种：核心家庭（仅由父母和未婚子女组成的家庭）、联合家庭（由父母、子女加上祖父母或外祖父母组成的家庭）、单亲家庭（仅有父亲或母亲与子女组成的家庭）、重组家庭（有继父或继母的家庭）以及留守家庭（祖父母或外祖父母和孙辈组成的家庭）。② 其中，前两类合称为稳定的家庭类型，后三类合称为不稳定的家庭类型。② 通过多选题的设置，首先获得 V16"家庭结构"变量的不同层次，再对层次的类型进行赋值（1 = 稳定，0 = 不稳定），完成对该变量的测量和分析工作。

在测量家庭氛围变量时，本研究从未成年个体的主观体验出发，将家庭氛围变量分解为 V17"父母吵架"和 V18"家庭幸福"两个更为简洁的二分变量题型。在测量亲子关系变量时，由于涉及被访者的主观感受，本研究将 V19"母子关系"和 V20"父子关系"设置成定序变量并进行赋值。

不同于父母阶层和家庭关系，家庭指导变量更多的是测量父母对未成年人上网活动的直接干预和影响，具有更强的针对性。家庭指导中的父母陪伴是未成年人网络素养教育的重点之一，是家庭责任的集中体现。本研究选取了 V21"陪伴上网学习"、V22"陪伴上网游戏"、V23"陪伴上网聊天"和

---

① 陈万柏、张耀灿：《思想政治教育学原理》，北京：高等教育出版社 2007 年版，第 105 页。
② 王智勇、徐小冬、李瑞等：《学生精神压力与家庭因素之间的关系》，载于《中国学校卫生》2012 年第 8 期，第 951～952 页，第 955 页。

V24 "陪伴写作业"四个基于不同活动场景设置的变量。其中,前三个场景重点关注了线上活动的父母陪伴,作为父母陪伴的衡量指标;而"写作业"的陪伴场景则关注了日常生活的亲子教育,反向体现了未成年人的独立性。家庭指导中的父母态度具体涉及定序变量 V25 "父母反对上网"和二分变量 V26 "上网时间管控"。家庭指导中的父母示范被分解成 V27 "父亲上网示范"和 V28 "母亲上网示范"两个定序变量(见表 2-8)。

表 2-8   "家庭因素"问卷设计

编码	变量	问题陈述	备择选项赋值
V12	母亲文化程度	你妈妈上过大学吗	上过 =1,没上过 =0
V13	父亲文化程度	你爸爸上过大学吗	上过 =1,没上过 =0
V14	母亲职业	你妈妈的职业是____	农民 =1,工人 =2,公务员 =3,商人 =4,知识分子 =5,不工作 =0
V15	父亲职业	你爸爸的职业是____	农民 =1,工人 =2,公务员 =3,商人 =4,知识分子 =5,不工作 =0
V16	家庭结构	你平时跟哪些家人住一起(多选)	(略)
V17	父母吵架	你爸妈经常吵架吗	不经常 =1,经常 =0
V18	家庭幸福	你的家庭幸福吗	幸福 =1,不幸福 =0
V19	母子关系	你与妈妈关系好吗	较差 =1,一般 =2,还可以 =3,非常好 =4
V20	父子关系	你与爸爸关系好吗	较差 =1,一般 =2,还可以 =3,非常好 =4
V21	陪伴上网学习	你上网学习时,有人陪吗(多选)	(略)
V22	陪伴上网游戏	你上网打游戏时,有人陪吗(多选)	(略)
V23	陪伴上网聊天	你上网聊天时,有人陪吗(多选)	(略)

编码	变量	问题陈述	备择选项赋值
V24	陪伴写作业	通常在家的时候，谁陪你写作业	自己 = 0，爸爸 = 1，妈妈 = 2，家教 = 3
V25	父母反对上网	爸妈反对你上网吗	不反对 = 1，有时反对 = 2，总是反对 = 3
V26	上网时间管控	爸妈管你上网的时间吗	管 = 1，不管 = 0
V27	父亲上网示范	你爸爸在家经常上网（玩手机）吗	从不 = 1，偶尔 = 2，总是 = 3
V28	母亲上网示范	你妈妈在家经常上网（玩手机）吗	从不 = 1，偶尔 = 2，总是 = 3

2.3.4　学校因素的测量

由于未成年人随着年纪的增长，在学校的时间逐渐增加，而在家庭的时间逐渐减少，因此学校逐渐成为未成年人所接触的重要环境，并且对他们的身心成长起着至关重要的作用。学校由人员、教育、环境三个方面构成，其中，能直接影响学生的人员可分两个基本群体，即同辈和教师。因此，在进行学校因素测量时，将影响分为四个方面：教师影响；学校教育影响；校园环境影响；同伴影响。

社会学习理论认为，教师是未成年人在学校中重要的观察和学习对象，教师的观点和行为将会对学生产生影响。因此，教师自身的网络使用行为和态度可能潜移默化中影响到未成年人的网络行为和素养的塑造，本研究通过 V29 "教师网络使用行为" 和 V30 "教师网络使用态度" 两个变量对教师影响变量进行测量。对教师的网络使用行为的测量主要体现在教师对网络设备的使用情况，尤其是日常的授课活动中是否经常使用，通过设置二元变量进行验证。教师的网络使用态度是指教师群体对学生日常使用互联网的鼓励或反对的整体态度，被设置成定序变量，以表达不同的反对程度。

学校教育的影响不同于教师因素影响，是学校整体对教学计划的统筹安排，需要和基于教师本身的主观示范效应进行区分。教育因素以教育的内容和层次划分为应用、安全和实践四个理论维度。其中，对网络应用教育的测量包括 V31 "软件应用（定序）" 以及 V32 "网络课程（多选）"，聚集于互联网的技术应用层面。网络安全教育是当前未成年人网络素养教育的重中之重，通过设置四个变量（V33、V34、V35、V36）进行测量，具体的安全教育内容涉及未成年人网上自我保护意识的培养，同时也包括对网络诈骗和网络欺凌等危险活动的防范教育。V37"网络实践教育"的测量则聚焦于学校层面为在校学生筹划的相关课外活动。

本研究对同伴因素的测量被分解为同伴间的知识扩散和社交需求两个理论维度。其中，同伴间的知识扩散是从网络传播的研究视角测量朋辈因素的影响，具体包括3个二元变量（V39"游戏知识扩散"、V40"视频信息扩散"和V41"学习资料扩散"），旨在考察知识信息在网络空间的朋辈传播影响。同伴间的社交需求在互联网使用方面的反馈主要体现在信息滞后的社交压力对未成年人造成的焦虑感，通过设置V42"网络社交焦虑"变量进行测量（见表2-9）。

表 2-9   "学校因素"问卷设计

编码	变量	问题陈述	备择选项赋值
V29	教师使用行为	老师上课时使用网络设备吗	用=1，不用=0
V30	教师使用态度	老师反对你上网吗	全不反对=3，有的老师反对=2，全部都反对=1，不知道=0
V31	软件应用教育	老师教你使用学习软件吗	不教=1，偶尔教=2，总是教=3
V32	网络基础课程	你上过哪些跟网络有关的课（多选）	（略）
V33	网络危险提醒	老师提醒过你上网可能遇到的危险吗	从不提醒=1，偶尔提醒=2，总是提醒=3
V34	网上自我保护	老师教过你上网的时候如何保护自己吗	教过=1，没有=0
V35	网络诈骗防范	老师教过你上网的时候如何防止被骗吗	教过=1，没有=0
V36	网络欺凌防范	老师教过关于"网络欺凌"的知识吗	教过=1，没有=0
V37	网络实践教育	你所在的学校有跟网络有关的课外活动吗	有=1，没有=0

续表

编码	变量	问题陈述	备择选项赋值
V38	校园学习氛围	你所在的学校学习氛围如何	非常差 = 1，较差 = 2，一般 = 3，较好 = 4，非常好 = 5
V39	游戏知识扩散	你的小伙伴会给你推荐游戏吗	会 = 1，不会 = 0
V40	视频信息扩散	你的小伙伴会给你推荐视频吗	会 = 1，不会 = 0
V41	学习资料扩散	你的小伙伴会给你推荐上网学习的资源吗	会 = 1，不会 = 0
V42	网络社交焦虑	如果小伙伴讨论网上流行的事情，而你不知道，会难过吗	会 = 1，不会 = 0

第3章　网络素养的内涵

素养是人为适应社会发展而具备的修养与内涵。它是以人的先天禀赋为基础，在社会环境和教育影响下形成的相对稳定的身心组织的要素、结构及其内涵，是一个人品格、气质、修养和风度的综合反映，也是社会发展的政治、经济和文化在人的身心结构的内化与积累。[①] 从这个意义上说，素养不仅是个人的修为，也是时代的产物。

人类自进入互联网时代以来，生产环境和生活方式发生了翻天覆地的变化，时代对人的塑造和要求体现在"网络素养"上。随着互联网技术和应用的发展，互联网从一个信息工具、媒介工具、生产生活工具，日渐转化为新的社会空间和新的社会场域，"网络素养"的概念也发生了本质性的变化。本章通过历史回归，在技术—社会—个人影响范式下，讨论网络素养的内涵变迁，以期建构符合当前互联网发展阶段特征的"网络素养"模型。

3.1　何　为　素　养

2005 年 11 月，欧盟委员会向欧盟议会和欧盟理事会提交了《以核心素养来促进终身学习》的议案，提出了指导各国教育改革的 8 项素质要求，即"使用母语交流""使用外语交流""自然科学素养""数字素养""学会学习""社会和公民素养""主动意识与创业精神""文化觉识与文化表达"。在我国，学生核心素养定义为"学生应具备的，能够适应终身发展和

[①]　佟悦：《论雅典公民素养形成的条件》，东北师范大学硕士学位论文，2011 年。

社会发展需要的必备品格和关键能力"，[①] 后经学者研究将该概念分为文化基础、自主发展、社会参与 3 个方面，综合表现为人文底蕴、科学精神、学会学习、健康生活、责任担当、实践创新 6 大素养，并细化为 18 个基本要点。由此可见，修养是一系列满足特定历史时期个人和群体生产、发展的知识与能力，以及精神气质与道德品行。素养所具备的三大特性包括后天性、时代性、复合性。

3.1.1　修养的后天性

从修养的形成来看，尽管先天禀赋有一定的影响力，正如先天聋哑的人在"语言交流"方面显然不具备优势，但是后天环境和主观能动性才是塑造素养的主要因素。哈佛大学的罗恩·查理德（Ron Ritchhart）认为修养是一种后天行为模式，具有主观能动性。修养，不仅是个人的事，更是社会与群体的需求，是人的社会性表现。

人的社会性是人性的本质，后天环境下人在其具有的各种社会关系所产生的社会实践表现中。马克思说过，人的本质"不是人的胡子、血液、抽象的肉体的本性，而是人的社会特质。"[②] 以谋求结构与功能协调为目标的社会，不会把素养的起点建立在高于普通人或常人天赋的基础上，如果那样的话，绝大多数人触及不到素养的要求，素养便失去了意义。因此，建立在普通与常人基础上的素养要求，必然是后天习得与环境作用的结果。中国儒家的"礼"在千年的论辩中不断强调，修养与教育、实践、环境等息息相关。孔子讲人性"习相远""力行近乎仁"，就是重视践履对人性的改造作用。此后儒家学派在此基础上丰富"后天性"的重要性。"孟母三迁"从环境强调素养的幼时培养，荀子强调"注错积习"对人性的影响，扬雄"修其身为善人，修其恶为恶人"强调自身选择带来的行为后果，董仲舒的"教之然后善"强调教化作用等，将道德观念视为由后天获得的唯物主义因素。[③]

从社会学的角度探究，人的社会性在社会化过程中获得。社会化"是指个体在与社会的互动过程中逐渐养成独特的个性和人格，从生物人转变成

---

① 核心素养研究课题组：《中国学生发展核心素养》，载于《中国教育学刊》2016 年第 10 期，第 1~3 页。

② 《马克思恩格斯全集》，人民出版社 2006 年版第 1 卷，第 270 页。

③ 杨本红：《论人性的完善与修养》，载于《扬州职业大学学报》2002 年第 4 期，第 1~5 页。

社会人，并通过社会文化的内化和角色知识的学习，逐渐适应社会生活的过程。"[1] 这一过程是社会和个人共同促成。社会层面而言，社会需要新人进行社会更替，为此需要对人进行后天的社会教化，促使社会成员有一致的社会发展的认同方向，并随着社会的不断发展丰富着教化内容；个人层面而言，个人需要取得社会成员的资格就要进行社会的教化，以此达到与时俱进的社会行为标准，这是需要后天习得的。

3.1.2 素养的时代性

素养对知识与技能，道德与气质的要求建立在满足生产生活和长期目标之上。不同的历史阶段，生产生活对知识技能的要求千差万别，其中技术条件、生产工具和生产方式是最重要的影响因素，同样，道德和精神气质也具有鲜明的社会性和时代性。正如西方文明对个人主义的推崇，东方文明对集体主义价值的积极评价都会影响对素养的定义与要求。

信息革命与前两次产业革命的区别在于科技社会化，即科技发展与社会紧密结合。信息革命是人类步入信息时代的发端，自此人类进入了信息时代。在新技术革命的冲击和影响下，世界各国在政治、社会、文化、教育、福利、居民健康和国民素质等各个方面都发生了巨大变化，其中为"国民素养"增添了新的要求"信息素养"。1998 年，美国图书馆协会（American Library Association，ALA）在《信息素养总统委员会总报告》中提出被普遍认同的"信息素养"定义，即"作为具有信息素养能力的人，必须能够充分地认识到何时需要信息，并有能力去有效地发现、检索、评价和利用所需要的信息"。[2] 将"信息"作为"工具"在信息时代中解决问题成为时代性的要求，"信息素养"在此背景下受到了广泛关注，并逐渐成为国民的基本素养和衡量国家竞争力的重要标准。

新的文明形态的出现在某种程度上取决于人类对新技术和新应用的接受和利用水平。互联网技术的成熟与普及逐渐取代了信息的工具性，"信息时代"因人们对网络的应用逐步被"网络时代"取代。网络的普及应用将网

---

① 郑杭生：《社会学概论新修》，中国人民大学出版社 2003 年版，第 82～83 页。

② American Library Association. A Progress Report on Information Literacy：An Update on the American Library Association Presidential Committee on Information Literacy Final Report. Association of College and Research Libraries，1998.

络从"工具"转化为新的社会空间和新的社会场域，同时，网络时代下"素养"的概念也发生了本质性的变化。"网络素养"因而衍生了新的内容和表现，渐成为新时代下个人核心素养的要求。

3.1.3　素养的复合性

素养，不是一种单一的能力或品质，而是一系列从生活和环境中习得或在重塑性操作中掌握的知识、技能和行为规范、精神气质。它不同于潜意识和主观意愿。素养，建立在个人天赋的基础上，却仍需要社会实践和社会教育来完善和发展，没有社会需求和社会规范的存在，修养就失去了方向和目标。同样，与主观意愿的不同，素养在于必须与知识与能力相结合。但由于时代的发展性，对环境变迁和社会发展的敏感性更多地表现为先于系统知识与能力的意识。这种意识同样对防范风险和解决问题有显著效果，因此也构成了素养的内涵。例如，进入网络时代，涉及个人安全的网络事故频频发生，即使没有系统的知识与能力，也可以通过技术分析和对社会影响的判断，来形成朴素的意识和保护措施。这充分说明，在知识与技能的向下维度，素养还应该包括意识。因此，素养是意识、知识技能、精神气质的综合体，它的复合性如图 3-1 所示。

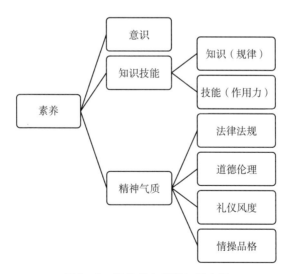

图 3-1　修养的多样性与复合性

资料来源：笔者自制。

素养是意识、知识技能、精神气质的综合体，是一种多要素的体现。其中，知识技能由知识（规律）和技能（作用力）组成。知识是通过客观规律的传递和转化为实践而产生的，例如，人们把火能燃烧这一客观事实、规律应用于烧煮食物（实践）当中而获得"火能烧煮食物"这一新的知识，从而获得一个新的"技能"（火的应用），并将其作为时代下生存的必备素养。随着时代的推进，工具不断演变，当前网络时代素养下对于"知识技能"的要求进一步提高，从网络的工具性至新的社会场域，人们在此期间被要求的技能不断迭代。

精神气质涵盖法律法规、道德伦理、礼仪风度和情操品格。所谓法律法规是指任何一项活动必须依"法"、依一定环境准则进行，在规则中实践规范、有序的活动。近年来一系列的"净网行动"陆续展开，从法律法规的角度树立良好网络环境。道德伦理是指人类社会依靠社会舆论、传统习惯和内心信念来维持的，以善恶评价为标准的处理人们之间相互关系应遵循的道理、规则、意识和行为活动。[①] 信息时代的道德伦理进一步丰富，包含人们对信息内涵及信息活动的判断与评价，[②] 主观因素的好恶、情感、性格、品质都被纳入考量范围。网络时代中，道德伦理在新的社会场域下对虚拟世界的网络内容有了现实世界的基本要求。礼仪风度中，礼仪是指在社会交往活动当中，用一种约定俗成的方式来表达尊重他人和自我尊重的过程，主要包括穿着、交往、沟通、情商等方面；[③] 风度指人的言谈、举止或态度所表露出来的神情姿态，是一个人的思想品质、精神面貌、性格气质和文化修养的表现，[④] 即对"人"做出一定的要求。而今，网络的内容是网络生产者的意识表达，礼仪风度要求的是文字生产者所传达的内容三观正确，做到网络文明用语，这是网络时代下赋予素养的新变化。情操品格中情操就是感情和操守的结合，[⑤] 品格指人的品行、品性，[⑥] 是对人的思想高度的要求。早期，情操高尚指提倡正当的爱好和志趣，反对低级趣味，正当的爱好和志趣能使

---

① 李鑫生、蒋宝德：《人类学辞典》，北京华艺出版社1990年版，第414~415页。

② 王芳、程远、董浩等：《互联网信息伦理问题辨析》，载于《电子政务》2012年第7期，第10~16页。

③ 王斌：《礼仪教育融入大学生文明修身浅议》，载于《现代职业教育》2017年第28期，第273页。

④ 宋希仁、陈劳志、赵仁光：《伦理学大辞典》，长春：吉林人民出版社1989年版，第189页。

⑤ 何新：《中外文化知识辞典》，哈尔滨：黑龙江人民出版社1989年版，第49~50页。

⑥ 郝迟、盛广智、李勉东：《汉语倒排词典》，哈尔滨：黑龙江人民出版社1987年版，第222页。

人身心健康、精神振奋、理想高尚。当下，素养中的情操品格提倡人们文明上网，反对低俗内容，树立正确的价值观念。

实践定义了素养的内涵，互联网技术和应用的发展，不断更新对相关知识技能的要求，以及对相应社会关系调节的需要，网络素养的内涵也在不断演变。

3.2　互联网：从工具到社会

自从 1969 年美国国防部高级研究计划署（Advanced Research Project Agency，ARPA）建立了阿帕网（ARPA net）——互联网的雏形以来，互联网首先是作为通信或信息工具，运用在军事、科研领域，然后慢慢向商业和社会领域拓展，进而从以各种工具和应用，发展成为具有社会属性的新的空间。

3.2.1　作为信息存储与通信工具

电子计算机的发明是互联网的基础。随着电子计算机应用范畴的扩大，20 世纪 50 年代以后，美国的通信研究者开始思考让不同的计算机用户进行相互通信的问题。1969 年 9 月，加州大学洛杉矶分校（University of California，Los Angeles）的研究人员成功地通过一条 46 米长的电缆将数据从一台计算机传输到另一台计算机。1969 年美国国防部高级研究计划署（Advanced Research Project Agency，ARPA）建立了阿帕网（ARPA net），旨在回应"冷战"格局下美军战略情报传输的安全性问题。随后，互联网被广泛地运用在科研领域，基于数字化存储和网络传输的一些联机数据库改变了人类知识存储和传播的形态。

3.2.2　作为大众传播与人际互动的媒体

互联网不是天生的媒体，但是随着网络应用的普及，网民人数的激增以及专门信息专业化生产组织的出现，互联网演化为大众媒体。互联网媒介化的过程经历了几个阶段，首先是传统媒体借助网络进行信息传输，此后一方面传统媒体开始纷纷建立网站，拓展网络版，另一方面以三大门户为代表性，形成了新的媒介形态。互联网媒介化改变了媒介生态和传播环境。互联网的开放性、去中心化等特征，使媒介生态更加多元，媒介信息的质量受到挑战。

互联网不仅是大众传播的媒介和平台，同时也通过即时通信、网络社区、网络社群等方式推动着人际传播、群体传播和组织传播方式的革新。基于网络的人际互动对个人身心健康产生重要影响，传统基于"地缘"和"血缘"的群体开始受到基于"趣缘"的冲击，个人社交网络和社会资本经历着悄然变化。

3.2.3 作为生产生活的新疆域

随着互联网应用的拓展，尤其是移动互联网兴起之后，O2O（Online-to-Offline，线上－线下）业务的繁荣，互联网成为集信息发布功能、交互功能、交易功能和服务功能于一体的平台。每一种特定的社会和生产方式都会历史性地创造出属于自己的社会空间。网络空间是信息时代产出的新型空间。网络空间打破了传统的时空界限，呈现出去中心、无边界的"时空混搭"型新面貌，使得人际互动得以超越物理间隔，突破了社会交往必须依赖于身体共同在场的局限。在网络空间中，真实与虚拟交织，延伸与压缩共存，在一定程度上实现了私人与公共空间、真实与虚拟空间交织的特征。人们早期把网络看见视为一种虚拟空间，认为网络空间是随着互联网的发展而形成的信息传播与生活空间，是一个由信息技术基础设施组成的虚拟世界。科幻作家威廉·吉布森（William Ford Gibson）最先在《神经漫游者》（*Neuromancer*）一书中描述了由全球电脑网络构成的虚拟世界，并将其命名为"赛博空间"（Cyberspace）。在《网络空间：第一步》（*Cyberspace：First steps*）中，迈克尔·本尼迪克特（Michael Benedikt）将"网络空间"描述为一个由计算机支持、联结和生成的多维全球网络。[①] 但是实践证明，网络空间并非是电脑虚构的空间，随着网络技术的发展和网络应用的拓展，网络空间日渐成为人类生存和发展的新疆域。个人的社交、娱乐、学习、消费等行为向网络空间拓展，宏观层面社会的政治、文化、经济也越来越依赖网络空间。

---

① Benedikt, M. Cyberspace：First Steps, MIT Press, 1991, P1.

3.2.4　网络空间社会化

网络空间社会化是一个逐步发展的过程，终点是网络空间社会性的形成。早期社会学经典理论认为，社会的要素是"个人"。人是具体的、生活在现实中的，人的一切行为都不可避免地要与周围的世界发生关系，而社会关系的形成和产生就来自人的社会互动。正因如此，人类社会存在方式的重大变革总是通过互动方式的变革而表现。在齐美尔有关社会构成的理论中，更强调社会中人与人之间互动形式的重要性。郭玉锦等人在编著《网络社会学》教材时对此进行了阐释：微观地看来，社会性就是互动信息传递的个体间性，互动信息在单位时间内信息量越大，互动双方的社会性强度就越大，社会性也随之增大。① 行动者的互动性越强，社会性就越大。基于此，讨论网络空间的社会性，也应从行动者、行动者的社会互动以及网络空间的社会结构三个要素出发。

在网络空间中，行动者的互动方式和社会关系得到了重新定义。网络不再是纯粹的技术空间，成为个体社会化和社会意义再造的"空间"。网络空间是一个基于全球计算机网络的由人、机器、信息源相互联结而成的一种新型的社会生活和社会交往的虚拟空间，也就是说，信息技术的出现首先使人类摆脱了时空的束缚，创造出一个崭新的网络时空。"在基本的生活中，时空不是工具，而是'人'及其'世界'的存在方式。"② 网络空间在物理层面开辟了全新的社会行动场域，这也是验证网络空间具有社会性的重要因素。

人是网络空间中活动的主体。人在网络空间中形成了特殊的网络身份。现实社会中身份是固定的，受制于强大的外部要素。网络空间内符号化的存在，流动性、策划性的表达，使自我认同和身份统一性受到挑战。互动是社会的本质，行为让互动成为可能。个体的所有行为都有向其他个体传递信息的可能，在这个基础上人们才能够有效地沟通。网络空间中的网络行为虽然是借由硬件和计算机技术间接实现的，但其归根结底是由行动主体——人实施的，本质上仍然是"行动主体发出信号—对方接收信号—对方反馈信号"的过程，也是社会行为的一种。从功能上看，目前的网络行为可以被分为如下几种：网络交际、网络生产（如网络直播、网络创

---

① 郭玉锦、王欢：《网络社会学》，中国人民大学出版社 2005 年版。
② 常晋芳：《网络哲学引论》，广东人民出版 2002 年版。

作）、网络经济活动（如网络消费、网络贷款）、网络犯罪等。当前，技术的发展使更多"互联网＋"的探索成为可能，人们不仅在网络虚拟空间活动，更可以利用网络空间为现实行为赋能，"互联网＋"政务、旅游、交通等实践正在慢慢走向现实。

在现实世界中，个体互动产生了社会；在网络空间中，人也并非独立的个体。网络空间不仅给人提供了海量的信息，也为人提供了一个跨越了时空距离的社会交往场域。郭玉锦等人在《网络社会学》中总结了网络人际关系的特点，分别是以文本为媒介、匿名性、广泛性、随机性、用心性，第一代网络原住民将这种网络社交概括为"趣缘式社交"，意为超越了地缘和亲缘的限制，以兴趣为基点缔结在一起。网络社交不仅仅局限于在线聊天，更发展出了 BBS、论坛等网络社群、网络组织和网络社区。这种趣缘社交正在成为 21 世纪年轻人的主要社交模式。

网络空间社会性体现在社会层面，表现为新的行为与结构层面的改变。当下，网络的边界远远突破了技术范畴而深入到经济、政治利益之中，统合了各种利益，构建了一个与现实社会相差无几的具有社会性的网络空间。

一是网络经济。顾名思义是以互联网为核心形成的经济范式，建立在网络技术的基础上。互联网技术使得网络空间具备生产和供给的简单快速原则。计算机与通信技术的使用大幅改进了生产和消费方式，提高了机器生产效率，催生出信息经济这一新型经济形态。在社会物质财富生产之外，网络空间因其独有的社会性还具有了创造信息财富的功能。在网络空间中，聚集了大量由网民通过发帖、问答等形式创造出的社会信息财富，如中文社交平台中的知乎、百度知道，英文网站中的维基百科、Quora 等。进入大数据时代，网络空间中本身存在的大量社交网站信息、行政管理信息等同样有着重要的信息价值。

二是政治活动。互联网最初作为一个无门槛、无规则的社会交往空间而吸引了全民的广泛参与，这也是早期互联网使用者对其抱有"自由"幻想的基础。越来越多的学者发现，互联网具有赋权和控制的双重功能。互联网拥有的看似民主的分权特质，实际上导向的可能不是民主，而是另一种层次上的混乱。桑斯坦在《网络共和国》中观察到，第二代互联网人将互联网的本质和特性解释为：网络是一种社会控制工具，网络的本质是信息独裁。[①] 但无

---

① 蔡文之：《国外网络社会研究的新突破——观点评述及对中国的借鉴》，载于《社会科学》2007 年第 11 期，第 96～103 页。

论是哪一种观点，都可以看出，在网络空间中政治性始终是如影随形的。

三是社会结构。在网络空间中，多元化、去中心化的技术特征使人们具有了多元化的生存状态，这是一种与以往地缘关系时期截然不同的生存状态，具备现代性的规则和特征。社会网络改变了人与人之间的互动关系。与现实社会不同的是，网络空间的社会网受到了网络技术特征的很大影响。互联网的基本结构元素是超链接，超链接的特性是任意节点与节点之间都可以无限制地直接进行交流，这就让人与人之间的关系构建突破了一切有限空间、时间的限制，能够空前自由地交流。社会学家林南指出：一个特定的网络可以是自然形成的，也可以是社会性建构的。这个过程中，最关键的节点是人，只要是有人群存在的地方就有网络，网络无处不在。网络空间也不例外。

四是网络公共空间的形成。近年来，各国网络公共事件数量迅猛增长，很多社会公共事件也最终以网络舆论的形式进入大众视野。网络成为一个前所未有的高效公共领域，为公众诉求的表达和舆论的形成提供了一个新的场所。公共空间是政治学界的经典命题，被视作国家和社会之间的调节领域，依靠群众自发的舆论形成社会力量。网络无门槛、匿名、包容的技术结构特点使其成为公共空间的天然选择。

五是网络规范及网络伦理。网络空间作为新兴的社会生活空间，同样需要规范的约束，这不仅是社会群体产生的标志，也是群体存在的条件。现有的网络研究中，不少学者关注对网络伦理和网络规范的研究。一个较为普遍的看法是，网络社会是由成千上万的个体组成的，因此，参与其中的人不仅要认识到网络社会中的规则，也要对其他网络参与者的存在和权利具有意识。国外一些计算机和网络组织制定过一些对于网络进行规范的初步的伦理规则，例如美国计算机伦理协会的"十条戒律"、南加利福尼亚大学的网络伦理声明等。在规范之外，伦理也是社会控制的重要方面。由于互联网匿名和自由的特性，网络伦理问题和道德失范行为成为学界关注的焦点。随着互联网的普及，公共信息安全、信息污染和危害、信息欺诈与网络信用危机等问题有愈演愈烈、甚至超过现实社会的趋势。

网络空间社会化为挖掘个人主观能动性的最大潜力创造了条件。在网络空间中，每个人都有渠道、有能力获取和创造各类信息，进行法律允许范围内的各种活动。此外，网络空间时空分离的特性以及它作为生产和交流工具的广泛使用，打破了日常生活和传统认知的诸多限制，例如种族、年龄、性别、教育程度等。在人们逐渐习惯数字化生存的过程中，全球的任何信息、任何个体都可能相互影响。数字化也成为引领传统行业转型升级的重要助力，但是数字鸿沟依然在以令人无法忽视的速度扩张着，互联网甚至可能成为扩大贫富差距的又一手段。网络消费为网民生活提供了便利，但是一些批评声音认为，网络消费在缩短从生产到消费的距离、便利人们消费行为的同时，也助长了拜物文化的泛滥。在电子商务发展的初期，崔子修就捕捉到了电子商务逻辑背后的拜物陷阱，指出：网络消费无不诉诸身体生理性的满足，网络产品正是通过满足感官欲望而扩张了欲望，把身体变成了一个商业符号。① 如果说互联网经济是信息经济，那么伴随而来的还有一个问题。信息和人的注意力作为网络空间中两大重要的资源，两者之间存在着紧密的联系。在传统媒介时代，信息与注意力之间的关系还相对平衡；而在互联网带来的"信息爆炸"式信息社会里，信息和注意力之间的矛盾将格外突出。在信息社会中，怎样处理好信息资源和注意力资源之间的关系，合理配置注意力资源，将是一个充满挑战性的重要的问题。

网络空间愈加与现实社会重叠，给传统民族国家的治理带来了极大的挑战。21 世纪初期，越来越多的学者认识到了政府角色在网络空间中的必要性。劳伦斯·莱斯格指出："网络空间的自由绝非来源于政府的缺席。自由，在那里跟在别处一样，都来源于某种形式的政府控制。"② 与此同时，政府也意识到网络空间中的权力分配开始逐渐具有与现实权力分配同等重要的意义。随着网络空间在全球的蔓延，传统的国家主权概念继续更新，出现了"网络主权"的概念。不仅如此，网络空间对思想和意识形态的冲击也在挑战传统的国家安全意涵。种种迹象表明，网络空间正在逐渐成为全球政治事务新的必争之地。

可以说，当代互联网已成为一股全球政治、经济、社会的整合力量，这些力量在网络空间中交汇、冲撞，将其形塑为一个与现实社会互有映射的网络空间"社会"。

---

① 崔子修：《网络空间的社会哲学分析》，北京：中共中央党校博士学位论文，2004 年。
② ［美］劳伦斯·莱斯格：《代码：塑造网络空间的法律》，李旭等译，北京：中信出版社2004 年版，第 5 页。

3.3 网络素养内涵的变迁

在从工具到社会化的发展过程中,网络素养的内涵发生了根本性的变化。从利用网络满足信息需求,到在网络空间内实现自我的全面发展,网络素养成为当前时代下最具战略意义和核心价值的素养。未成年人网络素养不仅关系到个人的发展,也成为国家竞争力的重要构成。

3.3.1 网络工具论:信息素养

从网络作为信息存储和通信工具的角度而言,网络素养表现为信息素养。有关信息素养的研究可以粗略地分为三个阶段:萌芽阶段、发展阶段和成熟阶段。20 世纪 70 年代以前是信息素养的萌芽阶段,此时的信息素养概念尚未被正式提出,还停留在早期图书馆的文献检索技能层面。20 世纪 70 年代到 80 年代末是信息素养的高速发展阶段,信息素养的研究迅速激增,概念发展为"以利用信息技术解决问题"为核心。例如,1974 年美国信息产业协会(Information Industry Association)主席保罗·泽考斯基(Paul Zurkowski)首次将信息素养定义为"有意识地使用信息工具和手段解决问题的能力";[1] 1989 年,美国图书馆协会(American Library Association,ALA)认为,信息素养是能够认识到何时需要信息,并具有信息检索、评价和有效使用必要信息的能力。[2] 20 世纪 90 年代之后,随着信息技术对社会各领域的不断渗透,社会对人们在信息社会所应具备的素养和技能不断扩充和提高,信息素养被不断地赋予新的内涵。信息素养被置于更广泛的社会情境中,表现为一种更加综合的能力,增加了对信息的批判性思考,[3] 以及通过信息创造新的知识和参与社会群体学习等。[4] 在我国,20 世纪 70 年代,

---

[1] Garfield E. An information Society. Journal of Information Science,1979,1(4):209 – 2015.

[2] Association,A. L. American library association presidential committee on information literacy. final report,1989.

[3] Doyle C S. Outcome Measures for information Literacy within the National Education Goals of 1990:Final Report to National Forum on Information Literacy Summary of Findings. Washington,DC:US Department of Education,Office of Educational Research and Improvement,1992.

[4] ACRL. Framework for Information Literacy for Higher Education. http://www. ala. org/acrl/standards/ilframework,2015.

马海群把信息素养解读为"信息指挥、信息道德、信息意识、信息觉悟、信息观念、信息潜能和信息心理"。[①] 1999 年,王吉庆在《信息素养论》中将信息素养定义为"信息意识和情感、信息伦理道德、信息常识以及信息能力"四个方面;[②] 2002 年,陈维维将其概括为"对信息活动的态度以及获取、分析、处理、评估、创造、传播信息等方面的能力";[③] 2016 年,符邵宏补充了"信息生产与共享的能力"。[④] 详见表 3 - 1。

　　由此可见,从信息的视角研究互联网对素养的要求起步于"信息素养",并从寻找信息,逐步拓展为准确定位需求,合理使用工具,科学分析结果,并最终服务于信息解决问题和创造价值。这一过程包含着对"信息检索、获取、管理与利用"的意识、知识与能力以及规范问题。

表 3 - 1 　　　　　　　　　　　　　　信息素养的典型定义

年份	学者/机构	定义
1974	保罗·泽考斯基 （Paul Zurkowski）	信息素养就是掌握各种信息工具的技能和技术,从而为解决问题提供信息方案[⑤]
1979	美国信息产业协会（ILA）	有意识地使用信息工具和手段解决问题的能力[⑥]
1989	美国图书馆协会（ALA）	要成为一个有信息素养的人,他必须能认识到何时需要信息,并具有检索、评价和有效使用必要信息的能力[⑦]
1992	道尔（Doyle）	具有信息素养的人能够认识到精确和完整的信息,将新信息和原有的知识体系进行融合,并在批判性思考和解决问题的过程中使用信息[⑧]

---

① 马海群:《论信息素质教育》,载于《中国图书馆学报》1997 年第 2 期,第 84 ~ 87 页。

② 王吉庆:《信息素养论》,上海:上海教育出版社 1999 年版,第 47 页。

③ 陈维维、李艺:《信息素养的内涵、层次及培养》,载于《电化教育研究》2002 年第 11 期,第 7~9 页。

④ 符绍宏、高冉:《〈高等教育信息素养框架〉指导下的信息素养教育改革》,载于《图书情报知识》2016 年第 3 期,第 26~32 页。

⑤ Zurkowski P G. The information service environment relationships and priorities. Washington DC: National Commission on Libraries and Information Science, 1974.

⑥ Garfield E. 2001: An information society. Journal of Information Science, 1979, 1 （4）: 209 - 215.

⑦ American Library Association. Presidential Committee on Information Literacy: Final Report.

⑧ Doyle C S. Outcome Measures for information Literacy within the National Education Goals of 1990: Final Report to National Forum on Information Literacy Summary of Findings. Washington, DC: US Department of Education, Office of Educational Research and Improvement, 1992.

年份	学者/机构	定义
2003	联合国教科文组织（UNESCO）	信息素养是指能够确定、搜索、评价、组织和有效地创造、使用和交流信息，并解决面临的问题
2015	美国大学研究图书馆协会（ACRL）	信息素养是指发现信息、理解信息及其价值、通过信息创造新的知识和参与社会群体学习的综合能力
1977	马海群	包括信息智慧、信息道德、信息意识、信息觉悟、信息观念、信息潜能、信息心理等①
1999	王吉庆	包括信息意识和情感、信息伦理道德、信息常识以及信息能力
2002	陈维维	对信息活动对态度以及获取、分析、处理、评估、创造、传播信息等方面的能力
2013	钟志贤	合理合法地利用各种信息工具来确定、获取、评估、应用、整合和创造信息，以实现某种特定目的的能力
2016	符绍宏	对信息对查找、评估、理解和获取能力以及对信息的使用、整合、生产与共享的能力

资料来源：笔者自制。

随着信息技术在世界范围的普及，信息素养研究在我国也逐渐被提上日程，并受到国内学者们的一致关注。1977 年马海群提出，信息素养包括信息智慧、信息道德、信息意识、信息觉悟、信息观念、信息潜能、信息心理等。② 王吉庆（1999）认为，信息素养包括信息意识和情感、信息伦理道德、信息常识以及信息能力。信息道德包含对网络中有害信息的防范和使用网络时对个人信息的保护。③

3.3.2　网络媒介论：媒介素养

互联网媒介化的进程推动着对网络素养的进入"媒介素养"阶段。尤其是进入 Web2.0 时代以后，互联网的交互性大大增强，社会化媒体影响力越来越大，媒介素养的概念与信息素养有显著区别。信息素养强调"网络

①② 马海群：《论信息素质教育》，载于《中国图书馆学报》1997 年第 2 期，第 84 ~ 87 页。
③ 王吉庆：《信息素养论》，上海：上海教育出版社 1999 年版，第 47 页，第 53 页。

的使用者"角色，内涵主要表现为信息选择、文本解读等能力；媒介素养
是参与式素养，网民除了是信息使用者，还是网络的参与者、建设者。① 伴
随着互联网媒体的发展，受众需要根据不同身份和角色掌握不同技能，因此
媒介素养的概念经历了四代范式变迁。

第一代范式将大众媒介视为传播有害信息的渠道，媒介素养强调的是给
公众打预防针，防止媒介对公众造成不良侵害，尤其是青少年群体；第二代
范式则着重提升受众的批判、辨别能力，认为并非所有信息都是有害的，公
众需要提升的不是免疫力，而是分辨力；第三代范式的重点在于对媒介文本
的批判性解读能力，认为媒介素养的首要任务是培养受众的批判性解读能
力，以区分"媒介真实"和客观真实；第四代范式的内涵则是参与式的社
区行动，从对媒介的批判性思考转为"赋权"促成健康的媒介社区。从这
四代范式的更迭可以看出，公众对于媒介的身份已经从单纯的消费者向参与
者和建设者转化。媒介素养的发展可以概括为从免疫力到分辨力，到批判
力，再到参与力。

1992 年，美国媒介素养研究中心给媒介素养做出如下定义：媒介素养
就是指人面对媒介信息时的选择能力、理解能力、质疑能力、评估能力、创
造和生产能力以及思辨的反应能力。② 这种对信息的综合能力的要求与信息
素养有异曲同工之处。进入 21 世纪，随着媒介技术的发展，媒介不再是与
人们生活密切相关的工具，而是无所不在的环境，传统的媒介素养已经不能
应对这种发展，新的媒介素养概念应运而生。2005 年美国新媒介联合会发
布的《全球性趋势：21 世纪素养峰会报告》将媒介素养定义为：由听觉、
视觉以及数字素养相互重叠共同构成的一整套能力与技巧，包括对视觉、听
觉力量的理解能力，对这种力量的识别与使用能力，对数字媒介的控制与转
换能力，对数字内容的普遍性传播能力，以及对数字内容进行再加工的能
力。③ 此定义在强调受众对媒介的使用、解读和批判能力以外，增加了利用
媒介进行表达、传播的能力。新的媒介素养概念主要体现在创造和继续传播
信息的能力方面。蒋晓丽提出，网民应当具备辨别、整合、优化和创造未来

---

① 彭兰：《网络社会的网民素养》，载于《国际新闻界》2008 年第 12 期，第 65～70 页。

② David Considine (1995). The What, How To's. The Journal of Media Literacy, (41) 2.

③ Hery Jenkins. (2006). Confronting the Challenges of Participatory Culture：Media Education for the 21st Century. www. digitallearning. macfound. org/atf/cf/% 7B7E45C7E0 – A3E0 – 4B89 – AC9C-E807E1B0AE4E% 7D/JENKINS_WHITE_PAPER. PDF.

媒介信息的能力。^① 在此基础上，学者依据信息技术的发展对媒介素养做出了新的定义。其中，彭兰认为网络兼具媒介和社会的双重属性，这使处于网络的公众既是媒介内容的消费者和生产者，同时又是网络社会的最基本的构成单位。网民的素养不仅体现为普通公众利用媒介的能力，还应该充分考虑赋权后网民对媒介环境的作用能力。^② 在庞杂的媒介信息面前，提升受众自身的选择、批判、使用能力，成为建构媒介生态必不可少的一环（见表 3 - 2）。

表 3 - 2　　　　　　　　　　　　　媒介素养典型定义

年份	学者/研究机构	定义
2004	蒋晓丽	网民应具备辨别、整合、优化、创造网络媒介信息的能力③
2005	陈莉、林井萍	网络媒介素养纳入研究范畴和实施网络素养教育的重要性；媒介素养不单单指批判和抵制不良信息的能力，还包括从网络媒介信息中得到娱乐、提高鉴赏能力和理解力的能力④
2006	张开	是传统素养（听、说、读、写）能力的延伸，它包括对各种形式的媒介信息的解读能力，除了现在的听、说、读、写能力以外，还有批判地观看、收听并解读影视、广播、网络、报纸、杂志、广告等媒介所传输等各种信息等能力，当然还包括使用宽泛的信息技术来制作各种媒介信息的能力⑤
2008	彭兰	网络基本应用素养、网络信息消费素养、网络信息生产素养、网络交往素养、社会协作素养、社会参与素养⑥

资料来源：笔者自制。

3.3.3　网络平台论：数字素养

互联网推动数字化生产的发展，网络素养以"数字素养"的形式被提出，不同于此前信息素养与媒介素养，数字素养更加尊重网络走向社会化的需求，注重个人的自我发展与社会交往的统一。2015 年，美国图书馆协会将数字素养定义为使用信息和通信技术（ICT）来发现、评估、创造和交流

①③　蒋晓丽：《信息全球化时代中国网络媒介素养教育的生成意义及特定原则》，载于《新闻界》2004 年第 5 期。

②⑥彭兰：《网络社会的网民素养》，载于《国际新闻界》2008 年第 12 期，第 65 ~ 70 页。

④　陈莉、林井萍：《浅议网络媒介素养及其培养》，载于《教育与职业》2005 年第 3 期，第 62 ~ 63 页。

⑤　张开：《媒介素养概论》，中国传媒大学出版社 2006 年版。

信息的能力,① 这一界定将数字素养逐渐从工具转向强调实践和创作。用户在形成数字素养的过程中,将这种与他人沟通、协作和解决问题的能力逐渐融入了日常的生活,进而形成了数字环境下的数字公民。2011 年欧盟实施"数字素养项目",提出信息域、内容创新域、安全意识域、问题解决域等框架(见表 3 – 3)。

表 3 – 3   数字素养典型定义

年份	学者/研究机构	定义
2011	英国联合信息系统委员会	指个人在数字社会中生存、学习及工作所需的能力,包括利用数字工具开展学术研究、撰写报告及批判性思考等能力
2012	美国图书馆协会数字素养小组	利用信息通信技术检索、理解、评价、创造并交流数字信息的能力,这个过程需具备认知技能及技术技能

资料来源:笔者自制。

3.4 网络素养的新内涵

信息素养侧重对信息的获取、解读和使用技能,媒介素养则在此基础上更多关注参与、使用和创造媒介的能力,数字素养强调面向网络不同功能的技能。本书认为,当网络从"工具"发展为新的社会空间的时,素养的内涵也发生了根本性的变化。素养包括了意识、知识技能以及精神气质,网络素养的时代性解读可以概括为:适应并能够在网络空间内生存与发展的意识、知识技能与精神气质。

网络空间不仅是信息网络、人际网络,而且越来越成为万物互联的泛在网络,人类对互联网的利用也正在从消费领域走向生产领域。本书认为"网络素养"的内涵应该包括在网络空间内处理信息、媒介、社会互动(个人与个人、个人与他人、个人与群体)、生产与消费的意识、知识技能与气质(见图 3 – 2)。

---

① ALA Digital Literacy Taskforce. What is Digital Literacy?. (2018 – 03 – 28), http://connect. ala. org/files/94226/what%20is%20digilit%20%282%29. pdf.

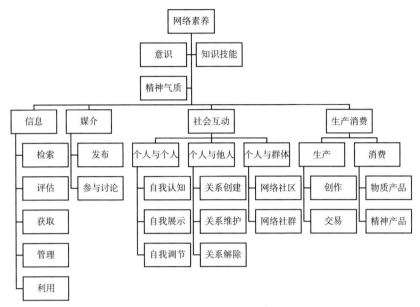

图 3-2 "网络素养"的内涵

资料来源：笔者自制。

网络空间内处理的信息是由初步接触转化至信息再加工、再利用的由浅入深的知识转化过程，可细致划分为检索、评估、获取、管理和利用。信息处理中检索是指用户有特定的信息需求，通过网络采用一定的方法、技术手段搜寻到所需要的信息；评估是指用户通过自身经验对网络信息内容的好坏进行评判和预估，对信息内容有一定的鉴别能力；获取是用户使用网络得到所需的信息的行为，如"下载"等；管理是指用户能利用网络对相关信息进行计划、组织、指挥、协调及控制等要素组成的活动，如"处理垃圾邮件""屏蔽不良信息"等；利用是指用户在得到所需信息后，将此信息为自己服务以达到所求的目的。

媒介由发布与参与讨论组合而成。发布指用户通过网络将信息公之于众，面向社会开放信息，向他人展示自己想表达的观点、内容；参与讨论指用户在特定内容下表达观点、与他人进行互动交流的行为，如"评论"等。

社会互动是个人与个人、个人与他人、个人与群体的综合体。其中，个人与个人可从自我认知、自我展示、自我调节三个方面细分。个人与个人中自我认知是从感知、思维和意向等方面对自己有一定觉察，并对自己的想法、行为、人格特征有相当程度的判断与评估，了解"我是谁"的重要感知。自我展示指用户通过图片、文字、视频等媒介在网络上对自身情况进行分享，告知大众"谁是我"。自我调节是个体认知发展从不平衡到平衡的状态，通过一定的行为标准，用自己能够控制的奖赏或惩罚来加强、维护或改变自己的行为过程。

个人与他人方面可由关系创建、关系维护、关系解除进行阐述。关系创建指个体与一人或多人因共同爱好（或目的，或事物）等开始有一定程度的交流、联系，开始产生双向对话；关系维护指个体与一人或多人因共同爱好（或目的，或事物）等在一定时间内保持持续沟通，两者间的交流互动相对紧密；关系解除指个体与一人或多人因不再有共同爱好（或目的，或事物）等而渐渐疏远直至形同陌路，交流不再频繁甚至无交流。

个人与群体方面从网络社区与网络社群进行区分。彭兰以人群聚合的疏密程度区分社区和社群的定义："社区既可以是一种空间的概念，也可以是一种人群的概念。网络社区形式多样，人群聚合模式既可能紧密，也可能松散；而社群则只指向人群，它是基于特定虚拟社区形成的较为紧密的、且具有一定的群体意识的人群聚合。"[①] 从人群聚集的疏密程度来定义，网络社区可以指网络空间中跨越物理边界、地区或领域内发生作用的一切社会关系，可由多个网络社群组成；网络社群可以指基于一个共同目标、兴趣、关系等为载体的集合圈，社群中成员的社会关系更为紧密。

生产消费具体分为由创作和交易合成的生产、物质产品和精神产品交织成的消费两方面。生产中创作是指用户进行内容、观点上的输出，通过图片、文字、视频等在网络上进行表达；交易指用户在网络空间中与他人之间产生的资源调节过程。消费中物质产品指为满足现实生活中的实际需要、具有实际可见形体的产品，如金钱等；精神产品指为满足精神文化生活的需要而进行的精神劳动、文化创作等无形不可见的产品，如智力成果等。

该内涵模型不是对既有网络素养内涵的否定或迭代，而是补充与发展，是随着互联网技术进步与应用拓展，对人类生存方式和生产实践带来的影响做出的调整和补充，这些补充可以概括为三个方面。一是结合素养自身的特征，对网络素养的理解从单一技能发展为意识、知识技能与精神气质三个层面，这就意味诸如"互联网精神""平台意识"等层面的素养被纳入网络素养的内涵。事实上，无论是从理论意义上研究网络素养，还是在时间领域中

---

① 彭兰：《"液态""半液态""气态"：网络共同体的"三态"》，载于《国际新闻界》2020年第 10 期，第 31~47 页。

提升网络素养，都不能是单一的维度，而应该是一个从意识到精神的全方位的过程。二是从社会视角理解网络及网络素养。过去对网络素养的理解也会涉及与他人的交往问题，但是往往是以个体为中心，随着网络空间社会化进城的加快，从社会网络的视角理解网络素养，对于提升整个网络价值具有极为重要的意义。三是从消费使用视角到生产使用，注重把互联网变成新的生产工具和生产力代表，进而对网络素养的要求不局限于满足个人的衣、食、住、用、行等消费，还包括了利用网络为个人"赋能"，提升社会资本和劳动能力等方面。

第4章　未成年人网络素养量表开发

网络素养内涵丰富，既包括可以直接观察的行为要素，也包括不易直接观察的知识与能力要素，因此要准确把握未成年人网络素养的发展现状，有赖于专业的测量工具——量表。量表是一种适用于定量分析的测量工具，由多个项目构成，形成一个复合分数，旨在揭示不易于用直接方法测量的理论变量的水平。在社会科学研究领域，量表被广泛应用于对抽象概念的测量，如感知水平、心理状态、能力素养等。由于社会研究者所希望研究的概念不可能只用一个单独的指标测量，因而创造出各种量表以达量化目的。为有效测量未成年人网络素养的情况，本研究设计并开发了"未成年人网络素养量表"（internet literacy scale for juveniles，ILSJ）。本章介绍了量表的开发设计、编制、修正、分析、降维的五个过程，并测量了本次样本群体在网络素养方面的得分。

4.1　量表开发设计与流程

既往的研究为网络素养测量奠定了基础。有学者将网络素养分为知识理论和技能两方面衡量，[①] 其中知识层面可分为使用网络的技能、个体价值观和实践技巧等行为，技能层面扩展到了社会文化和个体。[②] 哈吉泰（Hargit-

---

① Mc Clure CR. Network Literacy：a Role for Libraries. Information Technology and Libraries，1994（2）：115 – 125.

② Selfe Cynthia L. Technology and Literacy in the Twenty-first Century. Carbondale：Southern Illinois University Press，1999：33 – 34.

tai）则进一步补充，从接近、分析、评价和内容生产四方面进行测量。① 国内学者在网络素养相关的量表开发中以媒介素养为角度进行研究，学者常以联合国教科文组织的媒介与信息素养为框架，构建三个指标体系：获取、评估与创建（见图 4 - 1），并增加合成、参与、交流三个维度，开发出相关量表（见表 4 - 1）。② 有学者在此基础上丰富了三个具有差异的指标：使用要素（描述/定义、搜索/定位、使用、检索/保存）；评价要素（理解、评估、评价、组织）、创新要素（创新、交流、参与、监督），并以此为参照，结合我国互联网发展情况和社会公众网络应用的实际情况，提出中国社会公众网络素养测量指标体系（见表 4 - 2）。③ 这些研究提供的思路和方法构成了本量表编制的重要参考。

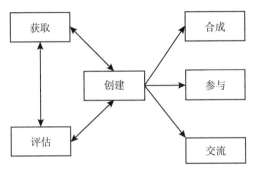

图 4 - 1　基于结构方程式的媒介素养测量模型

资料来源：李金城：《媒介素养测量量表的编制与科学检验》，载于《电化教育研究》2017 年第 5 期，第 20～27 页。

表 4 - 1　　　　　　　　　媒介素养量表的探索性因子分析

序号	条目内容	获取	评估	交流	合成	参与
ID1	我能够获得足够有用的媒介信息用于生活和学习					
ID2	我能够不断更新自己的信息获取技能					
ID3	我具有较强的信息获取意识					

① Hargittai, E. An Update on Survey Measures of Web-oriented Digital Litracy. Socail Science Computer Review, 2009 (1): 130 - 137.

② 李金城：《媒介素养测量量表的编制与科学检验》，载于《电化教育研究》2017 年第 5 期，第 20～27 页。

③ 宋红岩：《中国网民网络素养测量与评估研究：以城市新市民为例》，载于《中国广播电视学刊》2019 年第 9 期，第 73～76 页。

续表

序号	条目内容	获取	评估	交流	合成	参与
ID4	我能够熟练使用软件工具进行信息检索					
ID5	我能够通过寻找佐证资料判断信息的可信度					
ID6	能够通过标题、内容等判断信息的可信度					
ID7	我能够判断当前信息在陈述事实还是表达观点					
ID8	我能够评估媒介信息内容对他人或社会可能造成的影响					
ID9	我能够通过信息发布机构的权威性判断信息的可信度					
ID10	我通过网络分享社会时事新闻的频率					
ID11	我通过网络参与投票、网络调查的频率					
ID12	我通过网络参与社会公共事件讨论的频率					
ID13	我通过网络参与社会实践的频率					
ID14	我能够对音视频素材进行转换格式、压缩等					
ID15	我能够对图像素材进行转换格式、压缩与增强等					
ID16	我能够对多媒体素材进行合成与发布					
ID17	我通过网络与他人交流沟通的频率					
ID18	我通过网络分享个人动态信息的频率					
ID19	我通过表达个人观点的频率					
ID20	我通过网络与他人的合作频率					

资料来源：李金城：《媒介素养测量量表的编制与科学检验》，载于《电化教育研究》2017年第5期，第20~27页。

表4-2　　　　中国城市新市民网络素养测量量表因子分析

序号	题项	因子分析		
		使用	评价	创新
A1	我会使用电脑 Office 等办公软件			
A2	我会用百度、GOOGLE 等工具搜索想要的信息			
A3	我会对各种网络信息进行分类，并提炼有用的信息			
A4	我会一些网络基本应用，如浏览网页、QQ、微信等			
A5	我会收藏网页，并设置为主页			
A6	我会用电脑或手机下载、安装软件			

序号	题项	因子分析		
		使用	评价	创新
A7	我会处理邮件，传输附件			
A8	我会用电脑或手机进行网购			
A9	我会用手机查看新闻、天气、交通等信息			
B1	我知道任何网络信息与内容中，都存在着不同的观点			
B2	我能看懂网络上的信息、视频、内容所传递的含义			
B3	对于网上信息、视频，我知道发布者为什么这样做			
B4	网上看到的文字、视频等内容，我知道制作出来是给谁看的			
B5	我知道现在流行的网络用于的含义，如屌丝			
B6	我能区分出无用或有用的网络信息、内容			
B7	在信息搜集中，我会考虑用哪一种媒介更好			
B8	在网上看到恐怖、暴力等内容时，我会关掉不看			
B9	对网上不良或不实信息，能提出质疑并辨别			
B10	对来路不明的信息、视频等，我会核实信息源和判断其真实性			
C1	网上新闻、视频、图片等，我知道是怎样做的			
C2	我能够对网络上的信息、内容进行再编辑、加工并传播			
C3	我能制作或创造网络文字、视频、图片等内容			
C4	我会用微博、微信、QQ等来表达自己的想法或观点			
C5	我会关注网络热点事件，并发表自己的意见			
C6	我看到好的文章或视频，会主动与网上朋友分享、交流			
C7	我会关注大V或名人的微博，转发或评论			
C8	对网上不良言论或信息，我会去修正与传播正能量			

资料来源：宋红岩：《中国网民网络素养测量与评估研究：以城市新市民为例》，载于《中国广播电视学刊》2019年第9期，第73~76页。

在此基础上，本研究通过调查和专家访谈，结合未成年人的群体特征和认知水平，初步编写项目。经过研究成员头脑风暴，对逐个项目进行筛选和甄别，筛选项目后，初步建立项目池进行三重检验以确定最终项目池。一是问卷预调查，二是专家评审，三是组织"未成年人"进行重点访谈，在原项目池的基础上修订出一套适合未成年人阅读能力和阅读习惯的问卷，以此实现对未成年人网络素养的小范围样本量的全面测评预调查，并确定最终项目池和问卷。研究小组遵循范式流程对未成年人群体进行大规模问卷调查。最终，在样本收集、数据清洗、筛选有效样本和信效度检验等流程之后，研究小组通过因子分析，优化量表长度，设计出最终的自我评估量表。（具体流程详见图4－2）

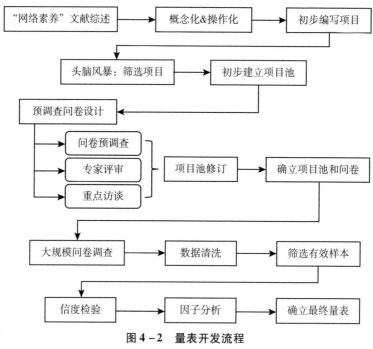

图4－2 量表开发流程

资料来源：笔者自制。

4.2 量表项目编制

　　如前文所分析，素养主要包含了意识、知识技能和精神气质三个层次，其中，意识是素养的基础，知识技能是素养的主要内容，而道德修养是对素养内涵的延伸。而根据互联网自身的发展，网络素养包括了信息、媒介、社会互动和生产消费四个维度。表4－3是根据图4－2形成的概念测量题项目录，其中交叉项目下面的数字代表该测量项下设置的题目数量，例如有关"信息检索"的题项有4个，其中测量"信息检索意识"的有1项，测量

"信息检索知识技能"对有 1 项，测量"信息检索道德修养"的题目有 1
项。全表共 226 条陈述。

表 4 - 3　　　　　　　　　　网络素养测量题项目录

网络素养			意识	知识技能	道德修养
信息		需求定位	—	1	—
		信息检索	1	1	2
		信息评估	1	2	—
		信息获取	3	2	2
		信息管理	2	2	—
		信息利用	3	3	3
媒介		发布信息	2	3	4
		参与网络讨论	2	2	7
社会互动	个人与个人	自我认知	3	3	2
		自我展示	5	2	2
		自我调节	4	3	1
	个人与他人	创建（强/弱）	6	4	1
		维护	7	6	7
		解散	3	2	3
	个人与群体	网络社群（公共/个人）	7	5	9
		网络社区	5	3	1
生产消费	生产	网络内容生产	3	9	4
		网络内容传播	2	6	3
	消费	消费过程	12	9	10
		消费功能	7	7	12

资料来源：笔者自制。

　　针对所有项目陈述，研究小组以头脑风暴的形式对所有陈述进行逐条整
理，删除冗余信息，并结合未成年人的认知水平对陈述进行通俗化表述的修
正，并保持陈述语句的简练清晰和语气的强烈。为了符合未成年人对自我的
网络素养进行评估的问卷逻辑，项目陈述的开头基本为"我知道……""我
认为……""我总是……"和"我从不……"等。

在一系列修改和操作后，最初设计的项目池共 95 条陈述，分成"信息素养"（10 条）、"媒介素养"（14 条）、"交往素养"（17 条）、"数字素养"（16 条）、"公民素养"（10 条）和"安全素养"（28 条）六个理论维度。"信息素养""媒介素养""数字素养"是依据第 3 章网络素养的三个基本内涵扩展，将不同的陈述依次归类；"交往素养"是指网络素养维度下个人与个人、与他人、与群体的社会互动；"公民素养"是指网络空间下公民的素质和修养，即网络素养中的道德修养；"安全素养"是指个体在面对网络不安全因素时自我保护的综合意识与能力，即面对未知或现存的网络风险时应当具备怎样的感知能力、辨别能力、分析能力、处理复杂事件的能力。安全素养的内涵与其余五个理论维度有所交叉，但考虑到未成年人网络安全的现实需求，本研究将网络安全素养单独作为一个分析维度进行归类。

95 条陈述基本为正面表述；从项目的时间性来看，本研究非历时性研究，主要测量未成年人的长久性特质，采用了普遍时间框架，并没有对量表的自我评估时间段做特别限定。

考虑未成年人的阅读习惯以及国内有关自我评估量表的惯例，五级李克特量表是较为符合测量的方式。李克特量表（Likert Scale）是态度量表中最常用的一种，由李克特（R. A. Likert）于 1932 年提出。学者针对主题搜集有关资料，编写若干态度语或项目，分别以肯定（正面）或否定（反面）方式陈述项目，随后提供选答的五点量表（非常同意、同意、无所谓、不同意、非常不同意），这种由五种态度供被试者选择的量表又称五级李克特量表。

李克特量表的特点是假定每一项目或态度都具有同等的量值，项目之间没有差别量值。被试的差别量值表现在对同一个项目反应程度不同。因而量表里每一个项目都应是评定同一个事情（或主题），可以把若干项目集合看作整个量表的分量表。而且，被试对每一项目的态度强弱度可以尽量表现出来。量表制订步骤：首先，针对研究的主题搜集、选定有关项目，以肯定（正面）或否定（反面）的方式陈述之。一般正向题目极同意的给 5 分，极不同意给 1 分；负向题目则相反，愈赞成得分愈低。每人在所有项目上的得分加起来，即为其态度分数。最后，将所有被试按总分高低顺序排列，计算高分组（前 25%）与低分组（后 25%）在每一项目上的平均得分的差异，即为每一项目的鉴别力。根据差异值大小，淘汰掉鉴别力低的项目。李克特量表优点是制作过程简单、测量范围较宽（凡与研究主题有关的项目均可列入量表内）、可以通过增加项目而提高信度、因有多个反应类别，故测量较为精确在学校教育中，多用于测量评价学生对某一事物的态度。但以一个人所得总分数代表一个人的赞同程度，只能看出谁的态度积极或消极，无法解释一个人态度差异的情形，这是其不足之处。[①]

根据五级李克特量表，研究将备择选项分为"完全不符合 = 1""不太符合 = 2""说不清 = 3""比较符合 = 4""非常符合 = 5"五项，各选项的赞同程度大体等距。从项目的内容来看，本研究开发的网络素养量表是一个阶段性产物，主要着眼于当下的网络空间，项目陈述会涉及近年来流行的网络词汇和网络应用，如"微信""抖音""App"等专有名词词汇，以及"P图""恶搞""直播"等动词词汇，尽可能贴近当前的网络语言生态，且词汇的普及率和认知率达到小学三年级以上学历的未成年人能够识别和理解的程度，具体词汇使用的适当与否有待专家评审的检验。

4.3　量表项目修正

在量表的项目池初步建立以后，量表开发进入项目修正环节。量表的修正采取定量与定性相结合的方式，通过探索性问卷调查获取定量研究数据；与此同时，组织了针对未成年人的焦点小组，了解他们对初始问卷的认知水平和接受程度。

焦点小组（focus group）是通过召集一群同质人员对于研究课题进行讨论，从而快速得出比较深入的结论的一种定性研究方法。焦点小组讨论包含三方参与者，即主持人和记录员，6 ~ 12 位参与谈论者，以及观察者。[②] 焦点小组不仅便于操作，而且更利于从微观深入观察未成年人在不受其他影响因素下的真实感受。

研究中，焦点小组共有 84 人参与，分为 6 组，每组人数为 8 ~ 16 人不等。参加焦点小组的成员首先被要求独立完成初始项目池构成的量表，然后按照主持人引导汇报存在歧义或不理解、不符合实际情况的项目。反馈结果显示，量表基本符合未成年人认知特征。

焦点小组之后，根据随机抽样的结果，对被选中的未成年人进行重点访

---

① 陶西平：《教育评价辞典》，北京师范大学出版社 1998 年版，第 277 页。

② 晋丹：《专题小组讨论同传中的应对策略》，载于《中国西部科技》2010 年第 29 期，第 86 ~ 88 页。

谈，了解其上网习惯、动机，以及对网络使用的看法。

根据上述研究，对若干项目进行删减，对部分项目叙述进行结构整理，并改进语言的表达方式，项目池被调整到 92 个项目，如下所示：

（1）我认为我具备足够的网络安全素养；

（2）在使用网络时，我会注意周边环境是否安全；

（3）我能够辨别周边（物理）环境的安全状态；

（4）在使用网络时，我会注意网络环境是否安全；

（5）我知道如何检测本地网络环境是否安全；

（6）我知道应当使用安全可靠的搜索引擎来检索信息；

（7）我能够辨别出哪些是安全的搜索网站；

（8）我知道怎样使用屏蔽网页广告的插件；

（9）我知道网络中充斥着不良信息；

（10）我能够识别出网络中的暴力信息；

（11）我能够识别出网络中的色情信息；

（12）使用网络时，我主动远离网络中的暴力信息；

（13）使用网络时，我主动远离网络中的色情信息；

（14）我知道网络中存在错误的信息；

（15）我知道网络中的信息不一定都是正确的；

（16）我知道错误信息可能会误导我的判断；

（17）使用网络时，我能够识别网络信息中的广告；

（18）使用网络时，我能够识别网络信息中的垃圾邮件；

（19）使用网络时，我能够识别网络信息中的商业赞助内容；

（20）我能够避免不良信息与错误信息影响我的判断；

（21）我能够识别网络中传递的不良价值观；

（22）我不受网络上不良价值观的影响；

（23）我不使用非法下载等不正当途径获取信息；

（24）我不下载和使用盗版内容；

（25）在网络中获取信息时，我不会威胁他人的网络安全；

（26）我有意识保护自己的信息，防止其泄露；

（27）我会经常修改密码、更新系统、使用杀毒软件等，以防止自己的信息泄露；

（28）我知道要保护自己的手机、电脑等网络设备；

（29）我将自己的手机、电脑等网络设备视为自己的私有财产；

（30）他人未经允许不能私自查看我的手机和电脑；

（31）当有人擅自查看了我的手机或电脑，我知道应当向家长和老师寻求帮助；

（32）当有人擅自查看了我的手机或电脑，我会通过合理合法的途径解决；

（33）我不会擅自查看他人的网络设备；

（34）我不会擅自侵入他人的网络设备；

（35）我知道网络基础设施的重要性；

（36）我知道法律不允许破坏国家网络设施安全；

（37）我能够辨别哪些行为威胁了网络设施安全；

（38）我知道遭遇网络攻击会影响我的网络使用；

（39）我知道木马、垃圾邮件等都属于网络攻击方式；

（40）我知道防火墙等措施能够有效保障网络安全；

（41）遭受网络攻击时，我知道怎样解决；

（42）遭受网络攻击时，我会通过合理合法的途径采取救济；

（43）我不会做出危害国家网络使用安全的事情；

（44）我不会做出危害国家网络运营安全的事情；

（45）我知道利用网络攻击他人是不对的；

（46）我不会利用网络的匿名性而在网络中攻击他人；

（47）我知道应当远离网络欺凌；

（48）我能够保护自己远离网络欺凌；

（49）面对网络欺凌时，我能够保持理智；

（50）如果遭遇网络欺凌，我能够使自己受到的伤害最小化；

（51）当他人遇到网络欺凌时，我能够为他提供合理的建议；

（52）我知道网络中关于性诱惑的不良内容会对我的身心健康产生影响；

（53）我有意识地保护自己避免自己的身体和心理受到侵犯；

（54）在网络上遇到他人的性骚扰、性要求、性引导时，我能够辨别出这些有害信息；

（55）在网络上遇到他人的性骚扰、性要求、性引导时，我能够明确拒绝；

（56）在网络上遇到他人的性骚扰、性要求、性引导时，我会立即向家长和老师寻求帮助；

（57）当身边有同学朋友在网络上遇到他人的性骚扰、性要求、性引导时，我会向他提出合理建议；

　　（58）我坚决抵制利用网络侵犯未成年人身体和心理的行为；

　　（59）我绝不会做出利用网络侵犯未成年人身体和心理的行为；

　　（60）在使用网络时，我知道我的个人隐私信息可能会泄露；

　　（61）我知道个人隐私信息泄露是十分危险的；

　　（62）在使用网络时，我知道我的上网行为可能会被追踪；

　　（63）我知道上网行为信息泄露是十分危险的；

　　（64）我不会公共电脑中输入个人信息；

　　（65）我不会在使用公共 Wi－Fi 时输入个人信息；

　　（66）我在网络使用过程中不会主动暴露个人信息；

　　（67）我能够保护自己的个人信息不被恶意截取；

　　（68）我通过合法手段保护自己的个人信息；

　　（69）如果发生个人信息被盗的情况，我知道怎样避免更大危害；

　　（70）如果发生个人信息被盗的情况，我通过合法手段采取措施；

　　（71）我知道有些人利用网络诱拐未成年人；

　　（72）我知道网络诱拐对未成年人来说十分危险；

　　（73）我能够辨别网络诱拐信息；

　　（74）我会有意识的远离网络诱拐信息；

　　（75）我知道有些个人或组织利用网络恶意传播不良价值观；

　　（76）我能够辨别网络中有些个人或组织恶意传播的不良价值观信息；

　　（77）我不会参加宣传不良价值观的线下集会；

　　（78）如果接收到不良价值观的相关信息，我会向父母或老师求助；

　　（79）我坚决抵制利用网络宣传不良价值观的行为；

　　（80）在网络中从事生产活动时，我遵守法律法规和道德准则，不伤害他人利益；

　　（81）在网上购物时，我知道网络中的部分信息是商家有意投放的；

　　（82）在网上购物时，我能够辨别出广告；

　　（83）在网上购物时，我能够辨别虚假广告；

　　（84）在使用线上支付方式时，我知道要保护自己的财产；

　　（85）在线上支付时，我知道应当首先辨别付款码/付款页面的真伪；

　　（86）在线上支付时，我能够辨别付款码、付款页面的真伪；

　　（87）付款时，我会首先确认接收方的身份；

（88）向他人转账时，我会首先确认对方身份；

（89）线上支付完成后，我会保存有效的支付或转账凭证；

（90）在线上购物时，我知道应当保护自己个人信息的意识；

（91）在公开评价商品或服务时，我知道要保护自己的个人信息；

（92）在公开评价商品或服务时，我尽量不发布自己的照片、家庭住址等个人信息。

4.4　量表项目分析

根据上述结果，通过全国范围内的问卷调查，测量题项的区分度、信度和效度。统计分析项目分标准差整体分布，设定得分标准差阈值为 0.2 和 2.0，这可能与项目数量过多以及未成年人认识水平有关。标准差小于 0.2 数据变化过小，大于 2 数字变化太剧烈，这些极端现象存在较大的随意性，剔除掉得分标准差低于 0.2 或高于 2.0 的样本，且样本的得分标准差整体保持正态分布（见图 4 - 3）。

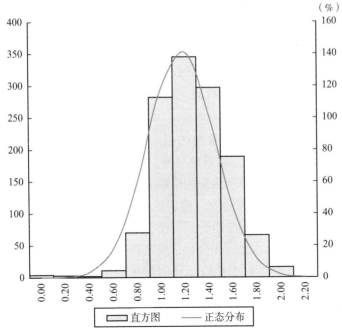

图 4 - 3　清洗后的样本得分标准差分布

资料来源：笔者自制。

对于量表中存在逆向措辞的项目，为了方便后续展开因子分析，消除负向相关，需要提前对逆向措辞项目进行数据转换，即逆向评分。

需要进行逆向评分的项目有："我认为上网让我改变了对自己的看法""我认为别人晒P过的照片，让我感到自己很丑""我总是羡慕朋友圈里炫富的生活""我认为网络对我成长不利""我总是在网上被骗钱""我总是不经意间在网上花掉很多钱""我所有的网络账号使用同一个密码"。

4.5 量表降维

本研究采用经典测量理论中能够反映题项一致性的同质信度（Cronbach's Alpha，又称克隆巴赫系数）来测量该量表分数的信度。通过数据分析软件 IBM SPSS Statistics Version 22，对 1 285 个有效样本的 92 个量表池项目进行分数的可靠性分析。结果表明，量表分数的总信度克隆巴赫系数为 0.942，可以认为量表中的项目在指向上具有公允的高度一致性。[①] 由于 92 个项目所组成的量表池的克隆巴赫系数过高，有必要通过因子分析优化量表长度，即以微小的信度降低为代价换取一套项目题量上更加简短的新量表。

量表的效度一般通过因子分析来完成，因子分析也是优化量表长度的有效方法。考虑用因子分析法从量表 92 个项目中提取最能体现"网络素养"特质的项目，需要对现有样本数据进行一系列前提检验，本研究主要应用 Bartlett 球度检验和 KMO（Kaiser-Meyer-Olkin）检验。

Bartlett 球度检验是以原有变量的相关系数矩阵为出发点，该检验方法的原假设为 H0：相关系数矩阵是单位阵，即相关系数矩阵为对角矩阵且主对角元素均为 1。Bartlett 球度检验的检验统计量根据相关系数矩阵的行列式计算得出，且近似服从卡方分布，检验统计量较大，且相应的概率 P 值小于给定的显著性水平 α，则应拒绝原假设，认为相关系数矩阵不太可能是单位矩阵，即原有变量适合作因子分析，反之则不适合。

KMO 检验统计量是用于比较变量间简单相关系数和偏相关系数的指标，KMO 统计量的取值在 0 到 1 之间，越接近 1，意味着变量间的相关性

---

① 注：根据美国学者罗伯特·F. 德威利斯的表述，克隆巴赫系数在 0.60~0.70 为最低可接受程度；0.70~0.80，较好；0.80~0.90，非常好；远大于 0.90，应该考虑缩短量表。

越强，原有变量越适合作因子分析，反之如果 KMO 统计量越接近 0，就意味着变量间的相关性较弱，原有变量不适合作因子分析。

本量表项目的因子分析前提检验结果显示：Bartlett 球度检验的卡方值为 46 049.39，显著性的值为 0.00（小于 0.05），拒绝原假设，在 95% 的置信度水平上认为原有变量的相关系数矩阵不是单位矩阵；KMO 统计量为 0.95，接近 1。根据检验结果，该量表适合做因子分析。

基于对原有项目池的检验，运用因子分析从原有项目池中提取最具代表性的项目，并形成最终量表，是本次未成年人网络素养量表开发的主要目标。前文所有 92 个项目的一致性检验已经通过，鉴于总项目数较多，尝试在不同理论维度下分别采用主成分分析法提取因子，并选取大于 1 的特征值，以最大方差法作为因子旋转方法，选取各因子对应载荷系数最大的项目，作为各维度下最能体现"网络素养"内涵的项目。根据预调查结果，最终提出 24 个测量"未成年人网络安全素养量表"的关键题项（见表 4 - 4），备择选项仍然以五级李克特量表呈现。

表 4 - 4　　　　　　　　　　网络素养量表的关键题项

理论维度	项目陈述	载荷系数
信息素养	我知道怎样判断一个网站是否可信	0.720
	我总能判断网上信息的真假	0.789
	我总能下载到需要的文字、图片、视频或者音乐等	0.692
媒介素养	我从不在网上嘲笑、侮辱别人	0.927
	我知道怎样从网上音乐或视频中创造新作品	0.776
	我知道不是所有内容都可以网络直播	0.814
	我知道不是所有人都可以在网络上发布新闻	0.731
交往素养	我知道怎样在网上礼貌地聊天	0.796
	我总能通过上网，找到共同爱好的人	0.695
	我知道如何给自己选择合适的头像	0.709
	我认为别人晒 P 过图的照片让我感到自己很丑	0.758
数字素养	我认为学习网络技能很重要	0.689
	我知道怎样设计网站	0.722
	我知道怎样叫外卖	0.769
	我知道怎样通过网络帮助别人	0.728

理论维度	项目陈述	载荷系数
公民素养	我知道未经允许，不能把与朋友聊天的内容发到网上	0.781
	我认为不应该在网上讨论个人的隐私问题	0.775
	我知道在学习/工作群里发广告等无用信息是不对的	0.749
	我知道怎样正确利用网络对政府提建议	0.792
安全素养	我总是能够辨别出来网上的性骚扰、性要求	0.755
	我经常修改网络账号的密码	0.748
	我知道怎样删除垃圾邮件	0.671
	我从不会通过网络给陌生人付款	0.757
	我总是不经意间在网上花掉很多钱	0.742

资料来源：笔者自制。

未成年人网络素养水平对"素养"的概念和内涵进行划分，共获得六个理论维度，分别为信息素养、媒介素养、交往素养、数字素养、公民素养和安全素养。通过对所提取出来的 24 个项目进行克隆巴赫系数信度检验，结果显示，克隆巴赫系数为 0.759（较好水平），可以认为量表中的项目在指向上具有一致性，具有较好的内容效度。据此，得到"未成年人网络素养量表"（见表 4 - 5）。

表 4 - 5　　　　　　　　　　未成年人网络素养量表

序号	陈述	非常同意	同意	一般	不同意	非常不同意
1	我知道怎样判断一个网站是否可信	5	4	3	2	1
2	我总能判断网上信息的真假	5	4	3	2	1
3	我总能下载到需要的文字、图片、视频或者音乐等	5	4	3	2	1
4	我从不在网上嘲笑、侮辱别人	5	4	3	2	1
5	我知道怎样从网上音乐或视频中创造新作品	5	4	3	2	1
6	我知道不是所有内容都可以网络直播	5	4	3	2	1
7	我知道不是所有人都可以在网络上发布新闻	5	4	3	2	1
8	我知道怎样在网上礼貌地聊天	5	4	3	2	1

序号	陈述	非常同意	同意	一般	不同意	非常不同意
9	我总能通过上网，找到共同爱好的人	5	4	3	2	1
10	我知道如何给自己选择合适的头像	5	4	3	2	1
11	我认为别人晒P过图的照片让我感到自己很丑	5	4	3	2	1
12	我认为学习网络技能很重要	5	4	3	2	1
13	我知道怎样设计网站	5	4	3	2	1
14	我知道怎样叫外卖	5	4	3	2	1
15	我知道怎样通过网络帮助别人	5	4	3	2	1
16	我知道未经允许，不能把与朋友聊天的内容发到网上	5	4	3	2	1
17	我认为不应该在网上讨论个人的隐私问题	5	4	3	2	1
18	我知道在学习/工作群里发广告等无用信息是不对的	5	4	3	2	1
19	我知道怎样正确利用网络对政府提建议	5	4	3	2	1
20	我总是能够辨别出来网上的性骚扰、性要求	5	4	3	2	1
21	我经常修改网络账号的密码	5	4	3	2	1
22	我知道怎样删除垃圾邮件	5	4	3	2	1
23	我从不会通过网络给陌生人付款	5	4	3	2	1
24	我总是不经意间在网上花掉很多钱	5	4	3	2	1

资料来源：笔者自制。

经过量表降维后所提取的 24 个项目中需要进行逆向评分的项目有："我认为别人晒P过图的照片让我感到自己很丑"（序号11）；"我总是不经意间在网上花掉很多钱"（序号24）。

4.6　测　量　结　果

为了对未成年人群体内部在网络素养方面存在的差异进行充分研究，本研究采用配额抽样的方法，对性别和城乡进行了1∶1的配额比例限制。本次调查共获取有效样本1 285份，其中男生595人（46.30%），女生690人

（53.70%），基本符合一般人口统计学中的男女均等分布。从家庭所在地来看，家庭所在地为农村的有 708 人，占比 55.10%，来自城镇的有 577 人，占比 44.90%；年龄区间为 7～15 岁（见表 4-6）。从图 4-4 可以看出样本年龄分布较为均匀，年龄组间差异不大于 15%。

表 4-6　　　　　　　　　　　有效样本的描述性统计

样本情况		频率	百分比（%）	有效百分比（%）	累积百分比（%）
性别分布	男	595	46.30	46.30	46.30
	女	690	53.70	53.70	100.00
家庭所在地	农村	708	55.10	55.10	55.10
	城镇	577	44.90	44.90	100.00
年龄分布	7～11 岁	172	13.39	13.39	100.00
	12 岁	235	18.29	18.29	86.61
	13 岁	364	28.33	28.33	68.33
	14 岁	314	24.44	24.44	40.00
	15 岁	200	15.56	15.56	15.56
总计		1 285	100.00	—	—

资料来源：笔者自制。

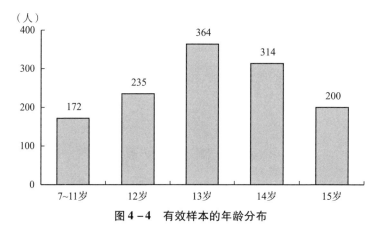

图 4-4　有效样本的年龄分布

资料来源：笔者自制。

　　问卷的主要被解释变量（因变量）部分为24个关键题项所组成的"未成年人网络素养量表"（五分制），具体的因变量指标"网络素养得分"归因为这24个题项的评分均值。本次问卷调查中，被试样本网络素养得分的总体均值为3.72（±0.55）。得分趋势详见图4-5。

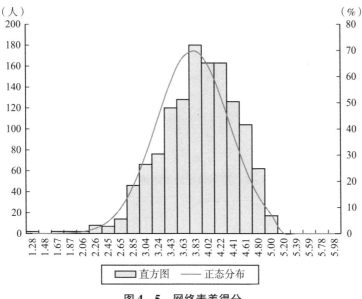

图4-5　网络素养得分

资料来源：笔者自制。

　　从不同理论维度来看，被试样本基本高于均值3，即高于"一般"水平。被试样本的公民素养（4.14±0.83）、交往素养（4.09±0.83）和安全素养（4.00±0.77）得分均值处于较高水平，高于网络素养量表的总体均值；其次为信息素养（3.66±1.16）和媒介素养（3.57±1.03）；数字素养（3.34±1.05）的得分最低（见图4-6）。

　　作为素养的三个维度，意识、精神气质和知识技能的被试样本基本高于均值3，即高于"一般水平"。精神气质（4.24±0.069）、意识（3.83±0.75）得分均值处于较高水平，高于被试样本网络素养的总体均值；而知识技能（3.59±0.72）的得分均值处于相对较低的水平（见图4-7）。

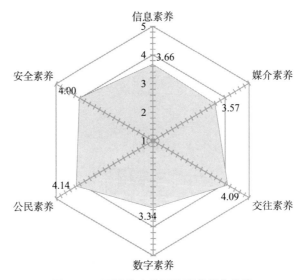

图 4 - 6 不同维度的网络素养得分均值

资料来源：笔者自制。

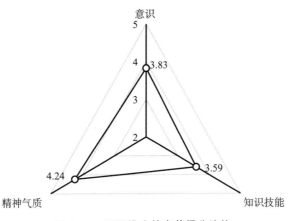

图 4 - 7 不同维度的素养得分均值

资料来源：笔者自制。

4.6.1 数字素养最低：数字参与度较低

数字素养反映了未成年人在网络中生产和发展的能力，包括利用网络改善生活，利用网络提升学习能力，利用网络提升社会资本以及利用网络从事生产活动的能力。调查显示，未成年人在数字素养方面的得分是六个维度中最低，这可能与未成年人融入数字生活的程度有关。未成年人的生活阅历较浅，生活自主性较弱，对利用网络生产生活的依赖性较弱，特别是基于网络生产的需求还没有形成。事实上，随着数字时代的到来，数字素养成为未来人才核心竞争力的重要内容。

4.6.2 媒介素养较低：能力弱于意识

新媒体是互联网的一种重要应用。媒介素养旨在衡量理解媒介信息、媒介功能和使用媒体表达个人意见的能力、意识和修养，包括使用媒介的知识技能，媒介意识以及媒介参与者的道德修养。调查显示，未成年人媒介素养较低，尤其是在知识和技能层面，这可能与未成年人的阅历和受教育程度有关。学校教育和家庭教育中对学生的德育教育帮助学生梳理了良好的是非观、价值观和道德观，在这些观念的指导下，未成年人对网络和现实中同时存在的非道德行为有基本的判断力。但是，由于缺乏训练和指导，未成年人对如何利用网络来创作新媒体产品的能力还有待提高。

青少年媒介素养的提升，需要家庭、学校教育、社会力量的共同努力。目前中小学媒介素养教育实践主要面临师资严重短缺、课程不可持续、社会认知度不足三大问题。很多媒介素养课程挂靠在课程项目下，一旦课题结项，将无法开展课程实践。有报道显示，目前各地有一些中小学和高校已经进行了媒介素养教育探索，如广州市少年宫探索出媒介素养融入式发展的模式，将媒介素养教育与学校的各学科、校园社团活动、少先队活动、家校互动相融合等。西南大学将媒介素养引入"第一课堂""第二课堂"，并积极举办媒介素养竞赛、网络文化节、青媒论坛等形式，开展实习实训，联动政府部门、新闻媒体、互联网企业等进行访问交流，提高学生的参与度与媒介素养实践的趣味性。[①] 这些教育实践活动提供了宝贵的借鉴经验，不过系统性、持续性、专业性的媒介素养教育还需教育的长期规划和设计。

4.6.3 信息素养较低：获取强于甄别

处理信息是互联网最基础，也是最重要的功能。人们对互联网的使用

---

① 马姗姗：《面对网络风险，青少年媒介素养如何提升》，载于《光明日报》2020 年 9 月 18日第 7 版。

往往源于信息需求，因此利用网络获取、甄别和处理信息构成了网络素养的重要内容。网络素养量表通过"我知道怎样判断一个网站是否可信"（3.56±1.23），"我总能判断网上信息的真假"（3.54±1.86）以及"我总能下载到需要的文字、图片、视频或者音乐等"（3.88±1.84）这三个题项对未成年人群体进行信息素养的考察。前两题均为对网上信息可信度的甄别能力的测量，均值无显著差异（p>0.05），且都显著低于第三题对网络信息获取能力的测量（p<0.01）。以量表的五分制为基准，未成年人群体的信息获取能力（3.88）处于较高水平，而信息甄别能力相对较弱。可见，当代未成年人在使用互联网技术获取信息时表现较为突出，但是在甄别信息真假方面不够自信，结合未成年人极易成为网络虚假信息受害者这一事实，网络信息安全依然是未成年人网络素养培养的重点。

2015年360互联网安全中心发布的《2015年青少年上网安全分析报告》显示，2015年1月至4月，360网络安全中心共接到网络诈骗报案6 211起，其中16岁以下青少年案总数为124起。受害者中，年龄最小的仅为11岁。随着年龄的增长和独立在网络上消费的意识增强，青少年的年龄越大，报案的受害者越多。14岁是一个危险期，因为14岁的报案者数量是13岁的报案者数量的3倍多。此外，青少年遭遇网络诈骗，35%发生在周末。从性别上看，在网络诈骗的青少年受害者中，男生占79.8%，人均损失1 769元；女生占20.2%，人均损失729元。男生受害者的数量几乎是女生的4倍，人均损失则是女生的2.4倍。①

2019年，北京市第一中级人民法院发布《未成年人权益保护创新发展白皮书（2009～2019）》。白皮书显示，近七成的未成年人犯罪案件与近六成的未成年人被害刑事案件都存在未成年人不正常接触网络不良信息的问题。未成年人网络犯罪与网络被害形成"双刃危机"。②

虚假信息甄别能力是信息素养的必备能力之一。提升未成年人的信息甄别能力应结合本国国情、借鉴全球经验。目前，发达国家从信息素养出发构建了应对虚假信息的体系化措施，我国的虚假信息防治工作以行政、法律手段为主，而教育是有效对抗虚假信息的最佳手段之一，未来我国中小学校应重视虚假信息甄别能力培训，将信息甄别技能融入义务教育体系。

---

① 360互联网安全中心：《2015年青少年上网安全分析报告》，2015年6月。
② 北京市第一中级人民法院：《未成年人权益保护创新发展白皮书（2009～2019）》，2019年8月。

4.6.4　交往素养和公民素养较高：与线下水平保持一致性

交往素养和公民素养体现了网络空间社会性的需求，交往素养突出在网络互动中，包括自我互动、个人与他人互动、个人与群体互动等方面的要求。公民素养是对网络社会空间内公共互动和公共参与方面的要求，也包括个人利用网络参与生产和消费的内容。调查显示，未成年人在交往素养和公民素养方面的得分较高，且显著高于信息、媒体和数字素养三个层次。

整体来看，未成年人样本的交往素养和公民素养均处于较高水平，且显著高于传统的三个素养维度。交往素养和公民素养的得分水平较高可能存在两方面的原因。一是未成年人使用网络交往的程度较高，相关的知识和技能较为丰富，例如："我总能通过上网，找到共同爱好的人"（3.76±1.91）；"我知道如何给自己选择合适的头像"（4.25±1.07）；"我知道怎样在网上礼貌地聊天"（4.50±0.90）等。二是对于未成年人，在交往和社会性使用的动机方面，线上和线下活动中保持着一定的一致性。

4.6.5　安全素养较高：具备基础规避能力但存盲区

未成年人的安全素养是从实用主义的角度对网络素养进行单独的理论维度划分，通过从传统三个素养维度中分别提炼出涉及网络安全、数字安全（digital safety）以及数字安防（digital security）等范畴的具体构念，进而融合成安全素养这一新理论维度。未成年人的网络安全教育是网络素养教育的迫切需求，是目前学校和家庭教育的重点议题之一，对安全素养进行单独的测量和赋权具有一定的现实意义。量表中的安全素养由五个题项构成，在网络素养的六个理论维度中具有最高权重。

"我知道怎样删除垃圾邮件"（4.34±1.02）；

"我总是能够辨别出来网上的性骚扰、性要求"（4.25±1.12）；

"我从不会通过网络给陌生人付款"（4.43±1.11）；

"我总是不经意间在网上花掉很多钱"（3.55±1.64）；

"我经常修改网络账号的密码"（3.45±2.06）。

具体来看，安全素养包括自我保护能力和安全意识两个层次。第一、第二题属于安全技能范畴，考察的是未成年人处理垃圾邮件和网络性暴力的防范能力，体现了网络信息安全，其均值得分处于较高水平，说明未成年人群体对潜在的网络危机具有基本的风险规避能力。培养未成年人在网络空间的自我保护能力是网络素养教育的重要一环，相对于消极的减少儿童的网络接触，对儿童进行上网自我防范教育具有更加积极的作用。第三、第四、第五题属于安全意识范畴，未成年人对修改账号密码的意识水平最低，反映了网络安全教育的盲区，因此需要对未成年人上网安全意识教育的广度提出要求。

4.6.6 小结

未成年人在公民素养、交往素养、安全素养方面有良好基础，同时展现出较高的自我展现与自我保护意识，但在知识技能的实际应用上（如信息素养、媒介素养、数字素养）差强人意，参差不齐。

随着技术的迭代更新，中国从思想、法律等层面力抓网络素养教育，一是以家长与未成年人等为对象，加强网络安全教育的意识，提高隐私权保护意识，推动建立以家庭为基础、社区为依托的未成年人保护网络，通常由政府媒体监管机构发起和组织；二是直面未成年人，通常由政府教育部门实施和推进。学校、家长直接教导未成年人网络世界规则，是未成年人接触网络世界的第一个守门人。宏观、中观网络安全教育的指导下，未成年人的公民素养、安全素养意识已初步建立，尤其在隐私、自我保护意识上，基本能在六个维度的均值 3.8 之上（见表 4 - 7）。未成年人的网络素养教育逐渐受到社会重视并已有了初步成果。

表 4 - 7　　　　　　　有效样本的理论维度的均值统计

序号	理论维度	项目陈述	均值
1	信息素养	我知道怎样判断一个网站是否可信	3.56
2		我总能判断网上信息的真假	3.54
3		我总能下载到需要的文字、图片、视频或者音乐等	3.88
4	媒介素养	我从不在网上嘲笑、侮辱别人	4.39
5		我知道怎样从网上音乐或视频中创造新作品	2.56
6		我知道不是所有内容都可以网络直播	3.88
7		我知道不是所有人都可以在网络上发布新闻	3.44

序号	理论维度	项目陈述	均值
8	交往素养	我知道怎样在网上礼貌地聊天	4.50
9		我总能通过上网找到共同爱好的人	3.76
10		我知道如何给自己选择合适的头像	4.25
11		我认为别人晒 P 过图的照片让我感到自己很丑	3.85
12	数字素养	我认为学习网络技能很重要	3.95
13		我知道怎样设计网站	2.24
14		我知道怎样叫外卖	3.53
15		我知道怎样通过网络帮助别人	3.62
16	公民素养	我知道未经允许，不能把与朋友聊天的内容发到网上	4.24
17		我认为不应该在网上讨论个人的隐私问题	4.39
18		我知道在学习/工作群里发广告等无用信息是不对的	4.27
19		我知道怎样正确利用网络对政府提建议	3.65
20	安全素养	我总是能够辨别出来网上的性骚扰、性要求	4.25
21		我经常修改网络账号的密码	3.45
22		我知道怎样删除垃圾邮件	4.34
23		我从不会通过网络给陌生人付款	4.43
24		我总是不经意间在网上花掉很多钱	3.55

资料来源：笔者自制。

国家、学校、家长为未成年人构建正确的网络使用的观念，但实操层面上，未成年人对于有关自己行为的风险意识并不强烈，如安全素养中"我经常修改网络账号的密码""我总是不经意间在网上花掉很多钱"这些项目上，得分均值都低于安全素养的整体均值 4.0，但在"我从不会通过网络给陌生人付款"和对"他人"的警惕问题上得分远高于"自己"的得分。

从"个体"的微观层面分析，交往素养、信息素养、媒介素养、数字素养这四个维度对于未成年人在意识及操作层面有截然不同的结果。交往素养体现着未成年人个人与个人、与他人、与群体的社会互动能力，其整体均值在六个维度中排序第二，可见未成年人对自身交流能力的肯定。表 4-7 中，未成年人在网络使用中"知道礼貌聊天"的均值较高，国家、学校、家长等的教育使得他们在意识层面接受互联网文明交流的规范，并自愿遵守这道德层面的准则；而操作层面中，与个人相关的均分（如"我知道如何给自己选择合适的头像"）是大于与他人互动（如"我总能用过上网找到共同爱好的人"）的均值，可见相较于与他人互动，未成年人更注重在自我层面的展现，并能较好地应用在现实中。

信息素养、媒介素养是更为高层的维度。信息素养要求未成年人对网络世界有自我判断的意识及具备相应的操作技能。现实中，未成年人正处于三观塑造的阶段，即使能理解大人们教授的评判标准，但并没有形成自己的一套判断逻辑。所谓一事一议，面对层出不穷的互联网，"我知道怎样判断一个网站是否可信"等判断性的标准问题便成了未成年人的"拦路虎"，对他们造成一定困惑。需要指出的是，具备的知识多不代表懂得透，未成年人更容易在"对"与"错"的十字路口失去方向。在此方面更需要成年人们对他们进行正确、积极的指引。在操作层面，网络原住民的未成年人对互联网拥有天生的操作天赋，对二手材料的获取能力反而成为信息素养中提分的一环。

媒介素养中，宏观、中观指导下构建的整体网络世界规则（如文明用语等），未成年人的意识最高。涉及内容判别时，未成年人作为潜在的数字生产者，是了解一定的内容生产原则的，但当距他们较遥远的"新闻"内容出现时，不少被试者会存在盲区。在操作层面，内容再创造也成为未成年人的薄弱环节。

第5章　未成年人网络素养的个体差异

根据美国心理学家布朗芬布伦纳提出的行为生态系统理论，儿童发展的环境可以分成一个相互联系的系统，系统的核心是个体，个体差异是影响儿童成长与发展的重要因素。

在以往关于未成年人互联网使用行为的影响因素研究中，雷雳、柳铭心（2005）将人口特征（性别、年级）纳入影响因素进行研究，田艳辉、单洪涛（2015）也将人口特征（性别、家庭所在地、年级）总结为影响未成年人互联网使用行为的重要因素。在未成年人网络素养影响因素的相关研究中，"全球在线儿童"项目形成了一套成熟的定性与定量研究方法，其中，定量研究包括儿童的身份与资源等十二个模块，统计儿童人口统计的相关特征可以甄别研究对象的个人信息，包括年龄、性别、社会经济背景、心理特征、身心健康、能力、经历和脆弱性等指标。

在媒介素养的相关研究中，有研究者将媒介素养影响因素分为个体因素、媒介因素和社会因素，其中个体因素主要指性别、年龄、收入等人口统计学特征，媒介因素指媒介接触渠道、接触时长、内容性质，社会因素指政治参与程度、人际交往模式等;[1] 还有研究发现，年龄、性别、收入和学历四个人口社会学变量均对媒介素养产生影响。本研究测量了"年龄""性别""性格""学业表现""家庭所在地"五个因素对网络素养的影响，以验证假设 H1（包含 H1 - 1 - 1、H1 - 1 - 2、H1 - 1 - 3、H1 - 1 - 4、H1 - 1 - 5）。独立样本 T 检验和单因素方差分析显示，"性别"和"家庭所在地"对样本群体的网络素养得分影响不显著，"年龄""性格""学业表现"对因变量

---

[1]　马超：《媒介类型、内容偏好与使用动机：媒介素养影响因素的多维探析》，载于《全球传媒学刊》2020 年第 3 期，第 24 页。

存在显著影响。

5.1　网络素养的人口特征差异

5.1.1　年龄与网络素养正相关

相关性分析显示，年龄与网络素养存在显著正相关关系（$r = 0.273$，$P < 0.01$），即随着年龄的增加，网络素养也随之提升（见表 5 - 1）。因此，假设 H1 - 1 - 1 成立。

表 5 - 1　　　　　　　　不同人口特征的网络素养得分情况

组别	有效样本	网络素养得分 （M ± D）	T/F	P 值
总体	1 285	3. 72 ± 0. 56		
年龄			33. 22	0. 000
≤11 岁	172	3. 27 ± 0. 52		
12 岁	235	3. 75 ± 0. 61		
13 岁	364	3. 78 ± 0. 58		
14 岁	314	3. 85 ± 0. 54		
15 岁	200	3. 80 ± 0. 57		

资料来源：笔者自制。

5.1.2　学业表现自我评价与网络素养正相关

相关性分析显示，未成年人的学业表现自我评价水平与网络素养呈现相关关系（$r = 0.2$，$P < 0.01$），即在学业表现方面，自我评价越高，网络素养越高（见表 5 - 2）。因此，假设 H1 - 1 - 4 成立。

表 5 - 2	不同学业表现自我评价的样本网络素养得分情况			
组别	有效样本	网络素养得分 （M ± D）	T/F	P 值
学业表现自我评价			7.714	0.000
比较差	132	3.62 ± 0.57		
一般	686	3.68 ± 0.59		
比较优秀	386	3.80 ± 0.59		
非常优秀	81	3.92 ± 0.61		

资料来源：笔者自制。

5.1.3　性格自我评价的积极开放度与网络素养正相关

本研究针对"性格"变量设计的多项选择题包含共 20 个备择选项，一共为 10 组，每组均为一对具有反义词性的备择选项（积极 vs. 消极，自律 vs. 懒惰，独立 vs. 依赖，善良 vs. 冷漠，节约 vs. 浪费，勇敢 vs. 懦弱，认真 vs. 马虎，聪明 vs. 迟钝，活泼 vs. 内向，人缘好 vs. 人缘不好），分别代表"正向性格"和"负向性格"。从图 5 - 1 来看，认为自己具有"活泼"

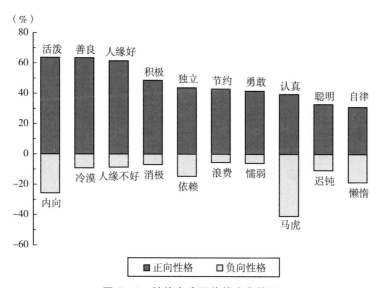

图 5 - 1　性格自我评价的分布状况

资料来源：笔者自制。

"善良""人缘好"等正向性格特质的未成年人群体超过六成，选择正向性格的频率具有压倒性优势。除了"马虎"外，其他负向性格的普及率基本低于25%，可见样本总体对自我性格持有偏正面的评价和认知。

引入"积极性格开放度"作为衡量性格变量的可操作化指标，其赋值规则是将具有积极正面意义的"正向性格"备择选项赋值为"选 = 1，不选 = 0"，而对于具有消极负面意义的"负向性格"备择选项赋值为"选 = -1，不选 = 0"，对 20 个"性格"备择选项赋值的加总值为单个样本最终的积极性格开放度（M = 3.22，SE = 3.49），其频数分布见图 5 - 2。

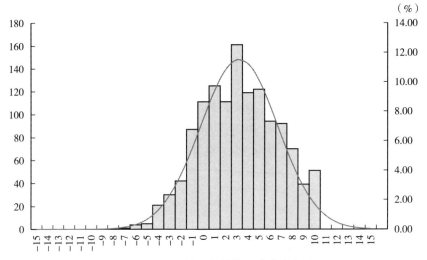

图 5 - 2 样本的积极性格开放度直方图

资料来源：笔者自制。

对"积极性格开放度"和"网络素养得分"两个连续型变量进行 Pearson 相关系数检验（$r = 0.205$，$P < 0.05$），两变量之间存在显著的正相关关系。选择积极性格的样本在网络素养方面的得分高于消极性格的样本均值，其在各具体维度上的得分如图 5 - 3 所示。所以，假设 H1 - 1 - 3 成立。

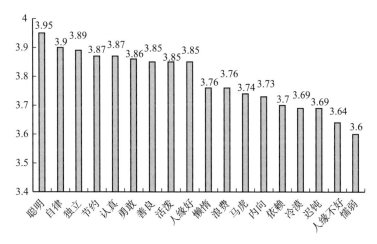

图 5 – 3　20 种性格的自我评价与网络素养得分均值

资料来源：笔者自制。

5.1.4　性格对网络素养水平的贡献远高于其他人口学变量

通过回归分析，把具有显著性（P < 0.05）的人口变量与网络素养进行多因素分析。结果显示，年龄和学业表现自我评价变量维持原赋值；性格积极开放度则按照数值的高低等比例分为五段（见表 5 – 3）。

表 5 – 3　　　　　　　　　　　　人口统计学变量回归赋值

变量名	赋值
年龄	1 = 11 岁及以下　2 = 12 岁　3 = 13 岁　4 = 14 岁　5 = 15 岁
学业表现自我评价	1 = "比较差"　2 = "一般"　3 = "比较优秀"　4 = "非常优秀"
性格积极开放度	1 = "～ -1"　2 = "0～1"　3 = "1～3"　4 = "3～5"　5 = "6～"

资料来源：笔者自制。

对以上各自变量与"网络素养得分"运行线性回归分析后可知，回归系数 $R^2 = 0.783$，说明模型的拟合度较高，对模型的整体解释力有 78%。由于 P < 0.05，模型的整体显著性通过方差分析检验（见表 5 – 4），可以得出"网络素养得分"与"年龄""学业表现自我评价"和"性格积极开放度"等人口统计学变量存在着显著的线性关系。

表5-4   回归模型的方差分析

模型	平方和	自由度	均方	F	显著性
回归	303.477	3	101.159	1 529.335	0.000
残差	83.939	1 269	0.066		
总计	387.416	1 272			

资料来源：笔者自制。

　　线性多元回归的结果（见表5-5）显示，在控制了这三个变量后，"年龄""学业表现自我评价"和"性格积极开放度"对网络素养的影响仍然显著，该三个变量具有统计学差异。从标准化的偏回归系数上可以看出，性格因素（0.868）是对回归方程的影响最大，是网络素养的人口学最主要影响因素。个体的年龄因素（0.047）与网络素养正相关，即年龄越大，网络素养越高，学业表现自我评价（0.028）对模型的贡献小于前两个因素，该变量仍具有统计学差异意义。

表5-5   回归模型的方差分析

模型	非标准化系数		标准系数	t	显著性	共线性统计	
	B	标准误	β			容许	VIF
（常量）	0.790	0.055		14.453	0.000		
性格积极开放度	0.788	0.012	0.868	63.390	0.000	0.911	1.098
年龄	0.021	0.006	0.047	3.471	0.001	0.921	1.086
学业表现自我评价	0.021	0.010	0.028	2.127	0.034	0.963	1.039

资料来源：笔者自制。

　　共线性统计是为了判断线性回归模型中的解释变量之间是否存在高度相关关系而使模型估计出现失真的结果，三个变量的容许度接近1，VIF小于5，表明这些变量之间各自独立，没有出现多元共线性的问题，说明该模型整体有显著意义，基于人口统计学的多元回归方程为：

$$网络素养 = 0.790 + 0.788 \times 性格积极开放度$$
$$+ 0.021 \times 年龄 + 0.021 \times 学业表现自我评价$$

　　由此可见，性格的积极开放度、年龄以及学业表现自我评价是影响网络素养的个体因素，性格越积极开朗，年龄愈大，自评成绩优秀的学生网

络素养越高。因此：假设 H1 – 1 – 1、H1 – 1 – 3、H1 – 1 – 4 成立；假设
H1 – 1 – 2、H1 – 1 – 5 不成立。即年龄越大、学业表现自我评价越高、性格
自我评价越积极的未成年人群体网络素养越高。性格正向的未成年人，接受
新鲜事物的包容度高，能够自信、正确正视自己，随着年龄的增长，懂得运
用合理、合适的途径来达到自己所追求的事物，更愿意去通过网络探索未知
的世界。相反，"性别" 和 "家庭所在地" 等反映传统数字鸿沟的变量对未
成年人网络素养的影响并不显著。

5.2　网络行为对网络素养的影响

　　未成年人网络使用的群体性特征本质上来自网络行为的个体动机，对
个体互联网使用行为的测量需要从广度和深度分别入手。广度是行为主体
接触网络的时间和空间范围，研究中多以 "网络接触" 为指标，反映的
是未成年人使用网络的经验（网龄）、网络触及的便捷性以及网络使用的
频率。中国互联网网络信息中心（CNNIC）连续、系统地记录了中国青少
年互联网使用情况，其中上网行为的研究维度包括使用方式、使用时间、
频率、地点、使用设备、网络素养等。[①] 另一项官方的调研是 2007 ~ 2011
年间连续发布的《未成年人互联网运用状况调查报告》，[②] 该调研关注上网
普及程度、上网频度、每次上网的时间长度、网龄分布、上网地点选择、上
网的目的及群体差异、对网络功能的使用、对未成年人专门网站的了解等研
究维度。此外，不少学者还基于调研数据，从时间层面梳理青少年上网行为
的演变，分析和解读的维度更加多样，如城乡对比、地区对比、网络生活方
式等。

　　深度是对个体使用动机的不同层次进行考察，反映未成年人网络使用能
力的指标，需要将 "使用层次" 纳入衡量指标体系，通过不同层次的不同
权重赋权实现变量的操作化和可测性。过往关于网络使用动机的研究可以追
溯到 2001 年韦泽尔编制的 "互联网态度调查表（The Internet Attitudes Sur-

---

　　① 中国互联网发展研究中心：《2019 年全国未成年人互联网使用情况研究报告》（2020 – 05 –
13），https：//www. baogaozhan. com/103212. html。

　　② 团中央、少工委、文明办、国新办、文化部、教育部、工信部、社科院、新闻出版总署：
《未成年人互联网运用状况调查报告》，https：//news. qq. com/zt/2008/wcnhlwbg/。

vey, IAS)"。[1] 徐梅等展开了"互联网态度调查表"在中国的测验评价项目，并建立了大学生网络使用"信息获取性动机 – 人际情感性动机"双因素动机模型。[2] 胡翼青基于"使用与满足"理论，将互联网使用动机归纳为四类：获取有用信息；宣泄情绪；进行情感交流；参与娱乐或打发时间。[3] 这四类需求强调了互联网使用的三个方面，即信息获取，情感调节和娱乐消遣。

互联网使用深度是对广度理论维度的补充，而互联网使用频率具体弥补了广度概念中网龄因素的片面和不足。未成年人的网络使用频率反映了其日常生活对网络空间的依赖性，一定程度上弥补了使用与满足理论忽视人们使用媒介的无目的性或习惯性的局限，较高的网络使用频率为用户带来虚拟空间的深度体验，但一定程度上也会影响用户的现实适应性，尤其不利于未成年人的健康成长。因此考察使用层次与网络素养之间的关系，也是为引导未成年人积极健康使用网络提供依据。

本研究测量了网龄、上网便捷性、网络接触频率三个媒介接触层面，并考察了未成年人群体的网络使用层次，以验证假设 H1 – 2。

5.2.1　网龄与网络素养显著正相关

"网龄"反映了未成年人接触网络的历史，即上网经验。未成年人群体的网龄随着年龄的增长而增长，因此需要将年龄作为控制变量，对网龄和网络素养得分做偏相关分析。结果显示，排除年龄变量的影响以后，未成年人群体的网龄和网络素养得分依然具备统计意义的显著正相关关系（r = 0.157，P < 0.05）。由此可知，网龄因素对未成年人网络素养具有独立的影响作用。进一步通过交叉列联表分析（见表 5 – 6）可知，13 岁及以上（2006 年及以前出生）未成年人群体的网龄和网络素养具有显著相关性，而13 岁以下的低龄未成年人群体的网龄和网龄素养的相关性不再显著。网龄对未成年人网络素养的影响具有阶段效应，低龄未成年人上网阅历对其素养

---

①　Weiser. The functions of Internet use and their social and psychological consequences. CylrPsyehol & Behavior, 2001 (6): 723 – 743.

②　徐梅、张锋、朱海燕：《大学生互联网使用动机模式研究》，载于《应用心理学》2004 年第 3 期，第 8 ~ 11 页，第 7 页。

③　胡翼青：《论网际空间的"使用—满足理论"》，载于《江苏社会科学》2003 年第 6 期，第 204 ~ 208 页。

的形成及塑造并不明显，可能由于其互联网使用和沉浸的深度值不高所致。

表 5-6　　　　　　　样本网龄和网络素养得分的相关性分析

出生年份	相关性	数值	渐近标准误差[a]	大约 T[b]	大约显著性
2004	Pearson 相关性	0.213	0.068	3.063	0.002
	Spearman 相关性	0.242	0.065	3.508	0.001
	有效观察值	200			
2005	Pearson 相关性	0.124	0.054	2.209	0.028
	Spearman 相关性	0.142	0.054	2.542	0.012
	有效观察值	314			
2006	Pearson 相关性	0.268	0.051	5.299	0.000
	Spearman 相关性	0.266	0.051	5.254	0.000
	有效观察值	364			
2007	Pearson 相关性	0.126	0.064	1.939	0.054
	Spearman 相关性	0.118	0.065	1.818	0.070
	有效观察值	235			
2008	Pearson 相关性	-0.137	0.101	-1.431	0.155
	Spearman 相关性	-0.149	0.093	-1.561	0.121
	有效观察值	109			
2009	Pearson 相关性	0.001	0.147	0.010	0.992
	Spearman 相关性	-0.035	0.154	-0.236	0.814
	有效观察值	48			
2010	Pearson 相关性	-0.028	0.234	-0.096	0.925
	Spearman 相关性	0.054	0.276	0.189	0.853
	有效观察值	14			
总计	Pearson 相关性	0.214	0.027	7.866	0.000
	Spearman 相关性	0.213	0.027	7.816	0.000
	有效观察值	1 285			

注：a. 未使用虚无假设；b. 正在使用具有虚伪假设的渐近标准误。
资料来源：笔者自制。

5.2.2 自主上网有助于提高网络素养

对上网便捷性的测量包括两个具体的变量指标，即"是否有自己的手机"和"能否随时上网"。如表 5-7 所示，未成年人群体的手机自有率达到 58.52%，超过一半的被访者拥有自己的手机设备，在访问移动互联网端口时具有较高的自由度和自主性。但是，只有 17.98% 的未成年人能随时上网，说明未成年人上网普遍受到来自家长或学校的监督。通过"上网便捷性"与未成年人网络素养得分进行单因素方差分析发现，"没有手机 & 不能随时上网"（3.58）的未成年人，其网络素养得分显著低于其他未成年人。"有手机 & 能随时上网"（3.96）的可及程度最高的未成年人，其网络素养得分最高，但和"没手机 & 能随时上网"（3.80）的未成年人相比，差异并不显著。

表 5-7　　　　　　　　　　　　样本的上网便捷性统计

网络素养得分 （M±D）		是否有自己的手机		
		有	没有	合计
能否随时上网	能			
	M±D	3.96±0.56	3.80±0.59	3.93±0.57
	N	192	39	231
	%	14.94	3.04	17.98
	不能			
	M±D	3.76±0.60	3.58±0.57	3.68±0.59
	N	560	494	1 054
	%	43.58	38.44	82.02
	合计			
	M±D	3.81±0.60	3.60±0.57	3.72±0.56
	N	752	533	1 285
	%	58.52	41.48	100.00

资料来源：笔者自制。

整体来看（见表 5-8），进行多重比较检验（LSD 检验）后可知，四种不同程度的上网便捷程度的未成年人群体，其网络素养得分的组间差异具有统计意义的显著性（P<0.05）。从上网便捷度最低的群组网络素养得分最低可知，过分限制未成年人接触和使用网络，反而不利于未成年人网络素

养的形成和培养。家长和学校应该以更加开明的态度积极看待未成年人自主的网络使用和感知经历。

表 5 - 8　　　　　　　不同上网便捷性的网络素养 LSD 方差分析

差异显著性 （P 值）	有手机能 随时上网	没有手机能 随时上网	有手机不能 随时上网	没有手机不能 随时上网
	M = 3.96, SD = 0.56	M = 3.80, SD = 0.59	M = 3.76, SD = 0.60	M = 3.58, SD = 0.57
有手机能随时上网	—	0.109	0.000	0.000
没手机能随时上网	0.109	—	0.743	0.029
有手机不能随时上网	0.000	0.743	—	0
没手机不能随时上网	0.000	0.029	0.000	—

资料来源：笔者自制。

　　家庭、学校要激发未成年人群体在提升网络素养中的主体作用。早在 2012 年，鲁楠在探究农村留守儿童媒介素养教育现状时就指出主动性在媒介素养教育中的重要性，[1] 他将参与式教育与行动研究法相结合，针对农村留守儿童开展参与式教育行动，总结做好媒介素养教育要重视行动内容的设计，内容要考虑留守儿童的可参与度，做到让其行为参与、思维参与、情感参与。此外，还有研究关注大学生网络媒介素养教育，[2] 指出提升网络媒介素养要保障大学生的主体作用，学校应积极引导学生开展媒介素养实践，并予以相应的支持和配合，培养他们自主形成各种科学的批判意识。

　　通过多重响应分析可知（见表 5 - 9），选择"不能随时上网"的 1 054 名被访未成年人对"为什么不能随时上网的原因"做出了 2 447 次选择。其中，原因为"父母不允许"的响应率为 32.5%，原因为"担心网络有危险"的响应率为 13.6%，原因为"老师不允许"的响应率为 13.4%，原因为"担心浪费时间"的响应率为 12.1%，其他原因的响应

----

　　[1]　鲁楠：《农村留守儿童媒介素养教育的参与式视角》，载于《新闻爱好者》2012 年第 24 期，第 4~5 页。

　　[2]　孙荣利、孟令军：《大学生网络媒介素养教育研究》，载于《新闻战线》2014 年第 11 期，第 106~107 页。

率均小于10%。除了未成年人的自我保护意识以外，父母和学校的监管是约束未成年人网络可及性的主要外因。

表5-9　　　　　　　　"不能随时上网"的多重响应

原因[a]	响应		观察值百分比（%）
	N	百分比（%）	
父母不允许	796	32.5	75.7
老师不允许	329	13.4	31.3
没有设备	175	7.2	16.7
没有信号或网络	140	5.7	13.3
上网太贵	35	1.4	3.3
我担心浪费时间	295	12.1	28.1
我担心网络有危险	334	13.6	31.8
网上有我不喜欢的信息或者人	85	3.5	8.1
其他	258	10.5	24.5
总计	2 447	100.0	232.8

注：a. 在值1处表格化的二分法群组。
资料来源：笔者自制。

5.2.3　周末有控制地上网能提高网络素养

本研究基于正处于学龄的未成年人群体样本，分别从工作日和周末两个维度来考察未成年人的日均上网时长。结果显示，未成年人周末的上网频率显著高于工作日。对不同上网频率的未成年人网络素养得分做单因素方差分析发现（见表5-10），周末日均上网时间越长，未成年人网络素养得分越高，而且其组间差异具有统计意义的显著性（P<0.05）。而工作日日均上网时间和网络素养得分呈非线性关系。对未成年人"工作日日均上网时间"和"周末日均上网时间"两个变量进行相关分析（r=0.238，P<0.05）发现，工作日上网时间较长的未成年人一般在周末的上网时间也较多。可见，网络使用频率只能有限地解释未成年人网络素养的影响因素。

表 5 – 10　　　　　日均上网时长对成年人网络素养指数的影响因素

组别	有效样本	网络素养指数 （M ± D）	F	P 值
总计	1 285	3.71 ± 0.56		
工作日			3.040	0.017
不上网	392	3.74 ± 0.56		
15 分钟以下	201	3.64 ± 0.61		
15 ~ 30 分钟	282	3.69 ± 0.62		
30 分钟 ~ 1 小时	231	3.74 ± 0.58		
1 小时以上	175	3.84 ± 0.60		
周末			7.553	0.000
不上网	59	3.46 ± 0.56		
30 分钟以下	214	3.61 ± 0.64		
30 分钟 ~ 1 小时	443	3.71 ± 0.59		
1 ~ 3 小时	392	3.79 ± 0.56		
3 小时以上	177	3.83 ± 0.60		

资料来源：笔者自制。

　　未成年人群体的闲暇时间较为零散，主要时间在学校度过，上网时间呈碎片化特征。此外，中小学对未成年人上网行为的管理较为消极，多采取在校学生禁止上网的一刀切政策，这都造成了未成年人工作日上网的沉浸感不足，影响其个体网络素养的培养。工作日的学校教育本身对个人能力和素养的提升具有积极作用，但如果儿童过于沉迷网络，大量学习时间被网游、短视频等娱乐性的上网体验所占用，反而不利于个人综合素养的提升。

　　综上所述，因为假设 H1 – 2 – 1 – 1、H1 – 2 – 1 – 2 以及 H1 – 2 – 1 – 3 都成立，那么 H1 – 2 – 1 也获得支持，即网络接触越多，网络素养相应越高。由此可见，以保守的方式，通过网络隔离来限制网络的负面效应或安全隐患，进而规避未成年人的网络失范是一种消极的做法。

5.2.4　使用层次与网络素养正相关

　　人们使用媒介的动机多样，媒介使用行为反映了人们对各类信息的认知、情感偏向及社会环境的影响。前文已指出，网络使用层次是基于马斯洛需求层次理论提出的概念。互联网有多种功能和属性，浅层次的娱乐、社交功能对未成年人成长的正面影响小于参与、表达、学习、发展等，因此提升较高层次的互联网使用行为的权重，强调网络素养概念对使用价值的偏向，能更好地测量网络素养的深度。基于使用与满足理论考察未成年人群体的互联网使用层次与网络素养之间的关系，就是从个体动机出发探究未成年人的互联网使用行为。

本研究通过调查问卷中的选项选择题"通常上网做什么"考察未成年人的网络使用分别情况。通过多重响应分析可知（见表5-11），被访者一共选择了7 492次网络使用行为（"其他选项"除外）。其中，上网"听音乐"的未成年人响应率最高（12.80%），其次为"查找学习资料"（12.48%）、"与朋友聊天"（10.24%），"看电影/剧/综艺"（9.54%）、"写作业"（9.10%）等上网行为。

表 5-11　　　　　　　未成年人上网行为的多重响应

变量名	上网行为	频数（n）	响应率（%）	普及率（%）
V2714	听音乐	959	12.80	74.63
V2703	查找学习资料	935	12.48	72.76
V2710	与朋友聊天	767	10.24	59.69
V2713	看电影/剧/综艺	715	9.54	55.64
V2701	写作业	682	9.10	53.07
V2715	打游戏	637	8.50	49.57
V2712	看视频/直播	450	6.01	35.02
V2716	看小说/故事	448	5.98	34.86
V2704	看新闻	429	5.73	33.39
V2709	看朋友的朋友圈	313	4.18	24.36
V2717	网购	295	3.94	22.96
V2708	写微博/博客/朋友圈	169	2.26	13.15
V2702	上课外班	163	2.18	12.68
V2705	参与论坛讨论	152	2.03	11.83
V2711	认识共同爱好的人	152	2.03	11.83
V2707	上传自制的音乐或视频	142	1.90	11.05
V2706	参与网络投票	84	1.12	6.54
	总计	7 492	100.00	593.62

资料来源：笔者自制。

　　姚伟宁对 2007 ~ 2015 年间中国青少年网络行为的纵向比较发现，未成年人对网络的使用正在从娱乐化向工具化、学习性和发展化转变。[①] 按照测量方法里的网络使用层次划分方法，本研究将未成年人上网行为划分成四级（详见图 5 - 4）。一是娱乐需求，未成年人能从网络上获得情感方面的寄托，

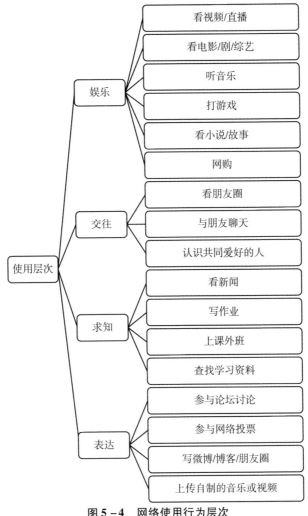

图 5 - 4　网络使用行为层次

资料来源：笔者自制。

---

　　① 姚伟宁：《青少年网民群体特征与上网行为的动态变迁》，载于《中国青年研究》2017 年第 2 期，第 90 ~ 97 页。

如听音乐、看电影/剧/综艺、打游戏、看视频/直播、看小说/故事、网购。二是交往需求，互联网社交平台发展迅猛，社交产品对于用户来说成为刚需，能够满足用户最基本的社会交往需求，如与朋友聊天、看朋友的朋友圈、认识共同爱好的人。三是求知需求，未成年人当前阶段最主要的生活离不开学习，网络提供的线上信息打破了传统的教学时间、空间固定模式，同时信息的多样性及更新的即时性也极大丰富了校内所教授的知识，未成年人应用网络（如查找学习资料、写作业、看新闻、上课外班）来满足网络化学习的需求。四是最高级的表达需求，未成年人成为网络生产者，在网络空间进行内容创作或再创作，来满足自己话语表达的诉求，如写微博/博客/朋友圈、参与论坛讨论、上传自制的音乐或视频、参与网络投票。

　　基于正处于学龄的未成年人群体样本，从四级网络使用层次进行划分后，如图 5-5 所示，除了求知需求的普及较高以外，其他三个使用层次基本呈现了层次越高，普及率越低的趋势。作为适龄学生的未成年人群体，在互联网使用行为中表现出较高的求知需求，可能受学业压力的影响所致。

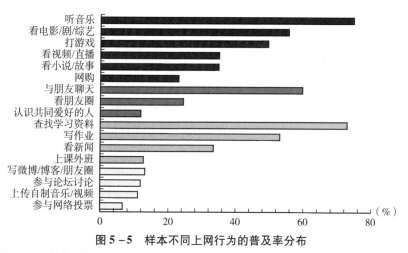

图 5-5　样本不同上网行为的普及率分布

资料来源：笔者自制。

　　对单个样本的四级网络使用层次进行加权并加总（对勾选的备择选项赋值"1"，未勾选的赋值"0"），获得网络使用层次的深度测量指标，计算公式为：

$$网络使用层次 = (娱乐需求 \times 1 + 交往需求 \times 2 + 求知需求 \times 3 + 表达需求 \times 4)/10$$

被试样本的网络使用层次得分（M = 1.15，SD = 0.59）整体呈偏正态分布（见图 5 - 6），对网络使用各个层次和网络素养得分进行 Pearson 相关性检验（r = 0.279，P < 0.05，见表 5 - 12）可知，未成年人网络使用层次和网络素养具有统计意义的显著正相关关系。因此，假设 H1 - 2 - 2 成立。

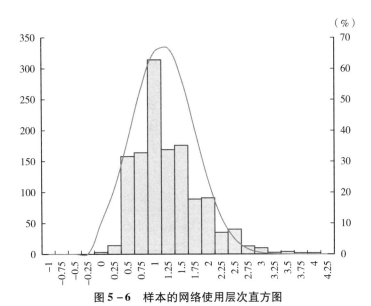

图 5 - 6　样本的网络使用层次直方图

资料来源：笔者自制。

表 5 - 12　　　网络使用层次和网络素养得分 Pearson 相关性检验

组别	相关性	网络使用层次得分	网络素养得分
娱乐层次得分	皮尔逊相关性	0.537 **	0.184 **
	显著性（双尾）	0	0
交往层次得分	皮尔逊相关性	0.635 **	0.191 **
	显著性（双尾）	0	0
求知层次得分	皮尔逊相关性	0.598 **	0.219 **
	显著性（双尾）	0	0
参与层次得分	皮尔逊相关性	0.735 **	0.119 **
	显著性（双尾）	0	0
网络使用层次得分	皮尔逊相关性	1	0.276 **
	显著性（双尾）		0

注：** 表示 P < 0.01。

资料来源：笔者自制。

网络使用层次差异的本质源于需要的差异，互联网技术和应用场景的更迭不断创造新的需要，因此不同的网络使用行为在深度上具有差异性，高层次的高权重赋值方法，一定程度上反映了未成年人的网络使用深度对网络素养的影响。

5.3 结 论

通过 SPSS 就个体差异对未成年人网络素养的影响进行了逐步验证。检验结果发现，假设 H1－1－1、H1－1－3、H1－1－4、H1－2－1、H1－2－1－1、H1－2－1－2、H1－2－1－3、H1－2－2，成立（见图5－7）；假设H1－1－2、H1－1－5，不成立。

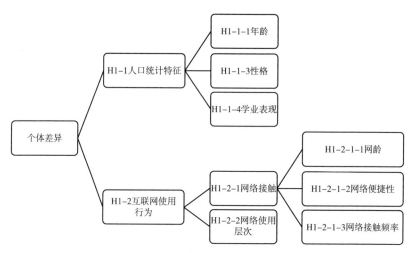

图5－7 验证后的个体差异因素影响模型

资料来源：笔者自制。

个体层面上人的知识接受度与阅历随之提升与增长，从而对网络的了解、应用程度不断深化。性别、家庭所在地的影响不显著，不构成影响未成年人网络素养的主要因素。性格因素、学业表现因素通过自评的方式、自我认知的维度验证了与未成年人网络素养显著的相关性。性格因素是网络素养的人口统计特征中最主要的影响因素。活泼开朗、善良诚实、乐观自信是当前未成年人性格的主流。① 个体性格特征较大程度上反映未成年人的自我品质。性格特征代表了一种自信，这种"自信"的心理健康表现在进行性格的自我评价时偏向于积极开放的一面，这是自我认知的反映。自我认知（self-cognition）是对自己的洞察和理解，包括自我观察和自我评价。自我观察是指对自己的感知、思维和意向等方面的觉察；自我评价是指对自己的想法、期望、行为及人格特征的判断与评估。未成年人对自己的认知，恰当地认识自我，实事求是地评价自己，是自我认知和人格完善的重要前提。正确的自我认知能够客观地认识到自己的优势与不足，扬长避短，从而在其他各因素具备的情况下，实现自我价值。

性格越积极开朗的未成年人群体网络素养越高，在网络素养量表上具有更高的自我认同反馈，证实了性格是影响未成年人的网络素养因素的观点，这是此次研究的创新点之一。而学业表现自我评价越高的未成年人，自主学习意识会更为强烈，懂得根据自己的需求，合理应用网络来达成自己的目的，网络素养在此过程中体现更为突出。

互联网使用行为中，网络接触对未成年人网络素养有显著影响。其中网龄、上网便捷性、网络接触频率是主要影响因素。推测可能原因，一是 11~14 周岁区段未成年人心智的成熟和理解力的明显提高，② 其意志能力、控制能力、辨认能力随着社会化的显著提高而得以成熟，前文显示 13 岁及以上（2006 年及以前出生）未成年人群体的网龄和网络素养具有显著相关，这些未成年人群体的网龄基本在 3 年以上，正处于网络素养能力急速上涨的成长阶段；二是"熟能生巧"，在易获取信息的网络环境中长期且频繁地浸淫，快速达到媒介使用目的，未成年人群体正在实现虚拟空间中的深度体验。

网络使用与未成年人网络素养显著相关。随着互联网技术、应用场景和媒介的更迭，未成年人通过互联网学习知识、游戏娱乐、进行消费等的需求越来越多。娱乐需求、交往需求、求知需求、表达需求层层递进，未成年人的网络素养与网络使用层次表现出较高的相关性，网络素养会随着网络使用层次的提升而提高。

---

① 上高县委宣传部课题组：《未成年人思想道德建设的基本状况和加强改进的对策建议》，宜春市未成年人思想道德建设专题研讨会，2005 年 5 月。

② 陈伟、熊波：《校园暴力低龄化防控的刑法学省思——以"恶意补足年龄"规则为切入点》，载于《中国青年社会科学》2017 年第 5 期，第 93~101 页。

第6章　家庭因素对未成年人网络素养的影响

根据布朗芬布伦纳提出的行为生态系统理论，家庭属于未成年人直接接触的微系统，对未成年人有直接的影响。家庭作为自然形成的生活环境对未成年人的思想品德和行为习惯的影响，往往比任何人为形成的环境中所受到的影响要深刻得多，形成的习惯也稳固得多。人们是在不知不觉和潜移默化中接受家庭的影响和教育。①

家庭环境为家庭成员创造良好的生活条件和学习条件，提供物质基础，也为家庭成员营造心理层面的"避风港"。结合新时代家庭文明建设的要求，将家庭因素从三个理论维度展开，即父母阶层、家庭关系和家庭指导，在本章验证假设 H2 – 1、H2 – 2、H2 – 3。

6.1　家庭社会经济地位对网络素养的影响

学者们普遍认为家庭的社会经济背景会对未成年人的上网行为和频率产生影响。家庭社会经济地位通常指根据家庭所获取或控制有价值资源（如父母受教育程度、财富积累等）的程度进行的等级排名，反映了个体所能获得的直接或潜在资源的区别。

家庭资产划分了家庭的阶层结构，阶层结构对家庭成员的影响深远，阶层差异存在于家庭成员的消费、教育、择业、心理健康等各个方面。根据

---

① 黄河清：《家庭教育与学校教育的比较研究》，载于《华东师范大学学报（教育科学版）》2002 年第 2 期，第 28 ~ 34 页，第 58 页。

《2019年中国城镇居民家庭资产负债情况调查》,① 我国城镇居民家庭总资产均值为317.9万元，中位数为163.0万元。总量上看，居民的家庭资产分布差异明显，户主为研究生及以上学历的家庭户均总资产明显高于均值，户主为企业管理人员和个体经营者的也明显高于均值。显然，在中国，文化程度和职业性质对家庭资产有重要意义。对于中国大部分家庭来说，父母是家庭主要成员，即使未成年人由祖父辈作为监护人抚养长大，父母仍是主要的经济来源，影响着家庭资产分布。

教育分流的相关实证研究发现，家庭的社会经济地位越高，子女初中之后的流向越好，这表明既有的阶层结构会进一步影响人们学业资源的获得。② 家庭经济文化条件更进一步被验证会对青少年的媒介使用产生影响，家庭的经济条件越好，在媒介上的花费越多，对家庭媒介硬件环境形成的贡献就越多；家庭的文化条件越高，父母接触网络等媒介的时间越长，营造出的家庭接触媒介的氛围就越浓郁。③ 父母的文化程度一方面可以作为未成年人家庭社会经济地位的参考指标，另一方面也反映了父母作为监护人对子女的教育能力和培养水平，具体可以体现在网络素养的培育方面。

父亲和母亲的文化程度对未成年人网络素养的影响不一，母亲的受教育程度对未成年人网络素养有较大的影响。从研究的显著性 P 值检验结果可知（见表6-1），"V13 父亲文化程度"变量对未成年人网络素养得分的影响不显著（P>0.05），"V12 母亲文化程度"对网络素养得分的影响显著（P<0.05）。研究结果同样表明，母亲文化程度高对未成年人网络素养的影响是积极正面的，母亲受过高等教育的未成年人网络素养得分均值（M=3.78，SD=0.61）显著高于母亲"未上过大学"的样本组（M=3.69，SD=0.54）。

---

① 《央行：中国城镇居民家庭资产主要是房产》，搜狐网（2020-04-24），https：//www.sohu.com/a/391069001_100183167。

② 方长春、风笑天：《阶层差异与教育获得——一项关于教育分流的实证研究》，载于《清华大学教育研究》2005年第5期，第22~30页。

③ 刘荃：《城市青少年接触媒介行为与家庭环境的相关性研究——以江苏省为例》，载于《现代传播（中国传媒大学学报）》2015年第6期，第135~140页。

表 6-1   父母阶层对网络素养得分的 T/F 检验

组别	有效样本	网络素养得分 （M±D）	T/F	P值
总体	1 285	3.72±0.56		
V12 母亲文化程度			2.167	0.031
1＝上过大学	313	3.78±0.61		
0＝没上过大学	972	3.69±0.54		
V13 父亲文化程度			1.357	0.175
1＝上过大学	350	3.75±0.61		
0＝没上过大学	935	3.70±0.54		
V14 母亲职业			4.330	0.001
1＝农民	244	3.60±0.55		
2＝工人	304	3.67±0.52		
3＝公务员	97	3.75±0.64		
4＝商人	156	3.78±0.59		
5＝知识分子	105	3.83±0.53		
0＝不工作	123	3.78±0.55		
V15 父亲职业			7.254	0.000
1＝农民	150	3.61±0.58		
2＝工人	468	3.64±0.52		
3＝公务员	87	3.74±0.67		
4＝商人	181	3.81±0.55		
5＝知识分子	91	3.89±0.52		

资料来源：笔者自制。

  家庭的社会经济地位从父母的职业性质也能窥见一二。从样本的父母职业分布来看（见图 6-1），母亲的职业主要为工人和农民，合计占比约54%；其次为商人，占比为 15%；母亲不工作的占比为 12%。近半数被访者的父亲为工人，占比约 48%；其他为商人，占比为 19%。可见，工农商是父母职业的主要组成部分，知识分子和公务员的职业占比均不足 10%。父亲不工作的比例极小，样本只有 7 个，样本量过低，不具有统计学意义。"男主外，女主内"仍是中国家庭分工较为常见的模式，女性承担的家务责任和照料下一代的工作更多。

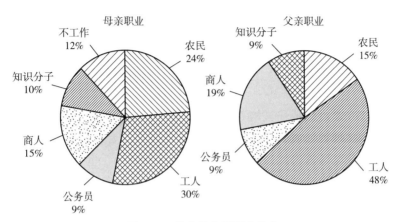

图 6 - 1　样本的父母职业分布

资料来源：笔者自制。

未成年人网络素养也同样受父母的职业性质影响。结果显示（见表 6 - 1），未成年人网络素养得分均值在不同职业的父亲和母亲群体中均存在显著差异。按照未成年人在网络素养得分方面由低到高排序，父母的职业类型依序为：农民、工人、公务员、商人和知识分子。这可能因为知识分子在先进技术和文化方面的意识与技能能够给予孩子更多指导；公务员和商人占有的社会资源相对丰富，能够为孩子提供的教育资源相对丰富。此外，无论是公务员、商人还是知识分子，他们在各自的工作中也需要广泛使用网络，在意识、能力和修养方面更容易与孩子达成共识，并提供社会学习的范本。相比之下，工人和农民的工作中较少使用网络，对孩子的网络影响主要在生活和娱乐方面。

有趣的是，母亲不工作对未成年人网络素养有较为积极的影响。通过分析母亲不同职业群体在未成年人网络素养得分方面的差异可以发现，母亲是知识分子的未成年人得分最高（M = 3.83，SD = 0.53），其次是母亲不工作的群体（M = 3.78，SD = 0.55）与职业为商业的母亲群体持平，高于公务员母亲，更高于农民和工人。这可能因为不工作的母亲更容易成为"全职妈妈"，对孩子的照抚和关注较多。

从整体的分析结果来看，父母的社会经济地位对未成年网络素养的影响是非常直观的。H2 - 1 "未成年人网络素养受到父母阶层的影响"基本得到验证，父母的社会经济地位高度显著，即家庭经济环境好，母亲受过高等教育，对未成年人的网络素养产生显著影响。

6.2　家庭关系对网络素养的影响

　　家庭关系是在未成年人培养和教育过程中家庭功能特征的主要表现，强调家庭的内生属性，具体包括家庭结构、家庭氛围和亲子关系。有研究显示，家庭亲密与否能直接影响青少年对网络是否成瘾，也可以通过母子疏离和父子信任间接影响青少年的网络成瘾，[①] 家庭亲密度主要强调家庭的情感氛围与亲子关系。良好的家庭关系对青少年有保护作用，能够为儿童提供良性的成长环境，不仅有利于其身心健康的发展，对个人能力和素养的培养也大有裨益。

6.2.1　稳定的核心家庭对网络素养具有积极意义

　　近年来，越来越多研究者将家庭作为一个系统来研究家庭功能。爱泼斯坦（Epstein）和斯金纳（Skinner）将家庭功能定义为家庭完成的任务，他们认为家庭的基本功能是为家庭成员生理、心理、社会性的健康发展提供一定的环境条件。[②] 奥尔森（Olson）等用家庭特征定义家庭功能，认为家庭功能是家庭成员的情感联系、家庭规则、家庭沟通以及应对外部事件的有效性。[③]

　　家庭结构是一个重要的家庭功能。家庭结构是指家庭成员的构成情况，具体可分为核心家庭、联合家庭、单亲家庭、重组家庭、留守家庭等类型。其中，前两类合称为稳定的家庭类型，后三类合称为不稳定的家庭类型。[④]

---

① 邓林园、方晓义、伍明明、张锦涛、刘勤学：《家庭环境、亲子依恋与青少年网络成瘾》，载于《心理发展与教育》2013 年第 3 期，第 305 ~ 311 页。

② 李建明、郭霞：《家庭功能的研究现状》，载于《中国健康心理学杂志》2008 年第 16 期，第 5 页。

③ 方晓义、徐洁、孙莉、张锦涛：《家庭功能：理论、影响因素及其与青少年社会适应的关系》，载于《心理科学进展》2004 年第 4 期，第 544 ~ 553 页。

④ 王智勇、徐小冬、李瑞等：《学生精神压力与家庭因素之间的关系》，载于《中国学校卫生》2012 年第 8 期，第 951 ~ 952 页，第 955 页。

核心家庭结构的稳定性较高，而单亲家庭、重组家庭和留守家庭的稳定性相对较低，这些家庭的父母自身面临着工作和生活、孩童的教育、家乡老人的赡养等沉重压力，无法为子女提供有力的物质与精神支持，因此可能影响家庭功能，甚至对子女的心理健康造成消极影响。

本研究调查显示（见图6－2），近一半的被访未成年人来自核心家庭（46.4%），其次为三代同堂的联合家庭类型（30.0%），这两种家庭类型统称为稳定型家庭结构。在不稳定的家庭类型中，单亲家庭（12.1%）和隔代家庭（10.5%）的样本占比均较少，只有极少的被访者来自重组家庭（1.0%）。

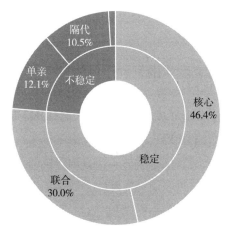

图6－2　样本的家庭类型分布情况

资料来源：笔者自制。

通过单因素ANOVA检验发现（见表6－2），来自核心家庭未成年人的网络素养水平（M＝3.75，SD＝0.56）显著高于单亲家庭的未成年人（M＝3.65，SD＝0.57），显著性P值小于0.05，拒绝原假设。LSD结果中的其他各组间差距并不显著。由于由父母共同组成的核心家庭属于稳定的家庭结构，而单亲家庭相对不稳定，因此该结果一定程度上说明了家庭结构的稳定性对未成年人网络素养具有影响。并且，来自核心家庭的未成年人网络素养得分最高。假设H2－2－1部分成立。

表6-2　　　　　　结构对网络素养得分的单因素 ANOVA 检验

组别	有效样本	网络素养得分 （M±D）	F	P值
总体	1 269	3.72±0.55	1.547	0.186
核心家庭	584	3.75±0.56		
联合家庭	378	3.70±0.54		
单亲家庭	154	3.65±0.57		
留守家庭	133	3.68±0.54		
重组家庭	20	3.64±0.63		

资料来源：笔者自制。

6.2.2　和谐的家庭氛围有利于网络素养提升

根据 2014 年联合国儿童基金会发布的《世界儿童状况报告 2014》,[①] 目前儿童成长仍面临着出生登记、疫苗接种、家庭暴力、童工、失学等家庭方面的问题。其中既包括家庭社会经济条件直接导致的各类问题，也包括不良家庭关系下产生的其他威胁。而以家庭关系为主要内容的家庭功能通常被视为青少年犯罪最强的预测因素，充满暴力、矛盾等负面情感氛围的家庭功能系统往往会导致青少年出现社会适应不良，并进一步发展为心理疾病和问题行为。[②]

在本研究检验家庭氛围中两个变量（"V17 父母吵架"和"V18 家庭幸福"）的独立样本 T 检验结果显示（见表 6-3），"父母吵架"变量对样本网络素养得分均值的影响显著（P<0.05），说明父母是否吵架与未成年人网络素养水平的高低均存在显著的相关性，但未成年人的家庭幸福感对网络素养没有产生显著影响（P>0.05），因此假设 H2-2-2 部分成立。

---

① 联合国儿童基金会：《世界儿童状况报告 2014》（2014 年 1 月），https：//www.doc88.com/p-3405046014903.html。

② 蒋索、何姗姗、邹泓：《家庭因素与青少年犯罪的关系研究述评》，载于《心理科学进展》2006 年第 3 期，第 394~400 页。

表 6 - 3　　　　　　　　家庭氛围对网络素养得分的 T 检验

组别	有效样本	网络素养得分 （M ± D）	T	P 值
总体	1 285			
V17 父母吵架			2. 823	0. 005
1 = 不经常	1 136	3. 80 ± 0. 58		
0 = 经常	148	3. 67 ± 0. 52		
V18 家庭幸福			1. 229	0. 221
1 = 幸福	1 176	3. 79 ± 0. 57		
0 = 不幸福	106	3. 72 ± 0. 57		

资料来源：笔者自制。

6.2.3　亲密的母子关系助力网络素养提高

有学者认为不健全的家庭会对子女的发展产生负面影响，对年纪较轻的孩子、对女孩和对白人家庭的孩子影响更大，家庭结构对子女的影响也可能因家庭成员的关系改善而减少，家庭成员间的关系往往比家庭结构更重要。[1]

在亲密度和适应性上表现极端的家庭，特别容易出现家庭成员出走、患心理疾病或子女行为不轨等适应不良现象。[2]

通过 Spearman 秩相关检验的结果显示（见表 6 - 4），"V19 母子关系"与网络素养的相关性显著（P < 0.05），"V20 父子关系"不显著（P > 0.05），说明与母亲关系良好对未成年人网络素养水平的提高存在显著的相关性，与父亲则无关。因此假设 H2 - 2 - 3 部分成立。

---

[1]　汪天德、汪颖琦：《家庭与青少年犯罪的关系——美国学者的理论与实证研究成果》，载于《青年研究》2000 年第 4 期，第 42 ~ 49 页。

[2]　易进：《心理咨询与治疗中的家庭理论》，载于《心理科学进展》1997 年第 6 期，第 37 ~ 42 页。

表 6 – 4　　　　　　亲子关系与网络素养的 Spearman 秩相关系数

组别	相关性	网络素养得分
V19 母子关系	相关系数	0.064 *
	显著性（双尾）	0.022
V20 父子关系	相关系数	0.050
	显著性（双尾）	0.072

注：＊表示相关性在 0.05 水平上显著。
资料来源：笔者自制。

　　母子关系进一步影响网络素养中的交往素养、公民素养、安全素养（见表 6 –5）。

表 6 –5　　　　母子关系与网络素养内涵的 Spearman 秩相关系数

网络素养内涵	相关性	母子关系
信息素养	相关系数	0.030
	显著性（双尾）	0.280
媒介素养	相关系数	− 0.009
	显著性（双尾）	0.755
交往素养	相关系数	0.101 **
	显著性（双尾）	0.000
数字素养	相关系数	− 0.017
	显著性（双尾）	0.538
公民素养	相关系数	0.075 **
	显著性（双尾）	0.007
安全素养	相关系数	0.103 **
	显著性（双尾）	0.000

注：＊＊表示相关性在 0.01 水平上显著。
资料来源：笔者自制。

　　相较于稳定的家庭结构对未成年人信息素养、公民素养和安全素养三个维度的显著影响，母子关系在网络交往素养培育方面的预测作用令人瞩目。正如阿德勒认为，"儿童所面临的第一个社会情境是与他母亲的关系，这从第一天就开始了。由于母亲的教育技能，很快就唤起了儿童对他人的兴趣。"① 母亲在孩童人格形成与社会化的过程中扮演着重要角色，孩童最初是在亲子交往中学习与他人的交往方式。母子间的互动唤起和培育了儿童的社会兴趣，这种社会兴趣不仅涉及一个人与他人交往时的情感，它也是一种对生活的评价态度和认同能力。② 而社会兴趣的增长有助于孩童与同伴相处，交流合作，对未成年人的社会性发展、积极进行网络交往有促进作用。

此外，父子关系对未成年人的网络素养影响有限，究其原因，父亲与母亲在孩童成长过程中发挥着不同的作用。东西方众多的实证研究都表明，父亲一般在家庭中承担养家的责任，而母亲则投入更多的精力与陪伴，为孩童提供强大的情感支撑。亲密、健康的亲子关系是未成年人网络素养培育的重要人际背景，为其提供安全感与归属感，促使个体主动通过社会交往在群体中找到自己适合的位置，鼓励孩童自信、独立地开展社会活动。同时，也提醒传统家庭应给予父子关系更多关注，父亲在教养过程中要重视陪伴参与和情感投入。

综上，和谐、稳定的家庭关系对未成年人网络素养的培育有正面影响。

6.3　家庭指导对网络素养的影响

未成年人的家长童年时普遍缺乏对网络环境的体验，加之受到"青少年网络成瘾"观念的影响，对互联网负面影响的焦虑或多或少地影响了他们对子女接触网络的态度和网络素养的教育。

美国一项针对 8 ~ 19 岁青少年的调查显示，手机应用上的"家长控制"模式不仅侵害了未成年人在网络空间的个人隐私，也对其与父母之间的亲子关系产生负面影响。③ 该研究对儿童上网行为的控制和监督提出了新的议题，一是未成年人网络保护的边界性，二是家庭对未成年人上网监控的负效

---

① 舒尔茨：《现代心理学史》，北京：人民教育出版社 1981 年版，第 367 页。
② 叶琴、刘爱花：《从阿德勒的人格理论谈心理健康与治疗》，载于《安徽文学》2006 年第 9 期，第 152 ~ 153 页。
③ Ghosh A K，Badillo-Urquiola K，Guha S，et al. Safety vs. Surveillance：What Children Have to Say about Mobile Apps for Parental Control. The 2018 CHI Conference，2018.

应。未成年人网络素养的培养是一个复杂而系统的教育工程，绝不是单方面的监督和管制，对家庭的教育作用应该提出更高的要求，在限制和鼓励这两个方向之间寻求最佳的平衡点。

家庭指导是父母对子女行为影响的外在属性，是来自态度和行为的间接影响，具体到个体网络素养的培养层面，家庭对儿童的网络素养教育是一种潜移默化的"涵化"培养模式。多数家长并不是如学校教育一般系统性地给子女传授互联网使用技能和灌输网络安全意识，而是通过个人的网络使用行为和态度，长期渐进地影响子女的数字生活。因此，父母陪伴、父母态度、父母示范这三个维度是测量家庭指导变量的良好切入点。

其中，父母对未成年人的亲子陪伴包括线下的陪伴，也包括对未成年人的上网陪伴。田丰解读《2019年全国未成年人互联网使用情况研究报告》，指出目前未成年人使用网络的主要场所是家庭，保护未成年人安全、健康地使用网络，家庭需要承担更多责任，家长应该尽量陪伴子女上网，运用自身的知识和阅历来合理引导孩子们的兴趣点，避免其误入歧途。① 父母的陪伴不同于单纯的家长监管，更多是基于营造轻松氛围的日常亲子互动，强调父母和子女在日常活动中的协助关系，激发儿童的模仿行为，以获得儿童的正面情绪反馈，同时防止过度监护导致的儿童逆反心理。

父母示范同样是具有强大感染力和有效性的家庭教养方式，父母通过言传身教"润物无声"地影响子女的思想认知和行为习惯，引导子女从简单模仿到培养长期的网络使用习惯。

根据家庭指导变量中的其他子变量进行网络素养得分均值的 T 检验和 F 检验（见表 6 - 6）可知，只有"V24 陪伴写作业"和"V25 父母反对上网"变量的网络素养得分均值 F 检验具有统计意义上的组间差异（P < 0.05）。其他变量对网络素养均无统计意义上的显著影响。对于"V21 陪伴上网学习""V22 陪伴上网游戏""V23 陪伴上网聊天"三个解释父母上网陪伴的多选题变量，无法直接进行网络素养的均值检验，需聚类成新的样本组再进行验证。因此，假设 2 - 3 - 3 不成立，本节主要验证假设 H2 - 3 - 1、H2 - 3 - 2。

---

① 田丰：《加强未成年人上网的家庭引导——2019 年全国未成年人互联网使用情况研究报告专家系列解读（一）》. 中国青年网（2020 - 05 - 14），http：//news. youth. cn/gn/202005/t20200514_12326892. htm。

表 6 - 6　　　　　　　家庭指导对网络素养得分的 T/F 检验

组别	有效样本	网络素养得分（M ± D）	T/F	P 值
总体	1 285	3. 72 ± 0. 56		
V24 陪伴写作业			3. 197	0. 013
0 = 自己	880	3. 74 ± 0. 56		
1 = 爸爸	74	3. 59 ± 0. 50		
2 = 妈妈	184	3. 67 ± 0. 56		
3 = 家教	28	3. 57 ± 0. 62		
4 = 其他	82	3. 59 ± 0. 56		
V25 父母反对上网			13. 106	0. 000
1 = 不反对	193	3. 90 ± 0. 53		
2 = 有时反对	999	3. 68 ± 0. 56		
3 = 总是反对	93	3. 65 ± 0. 58		
V26 上网时间管控			0. 338	0. 735
1 = 管上网时间	1 132	3. 71 ± 0. 56		
2 = 不管上网时间	152	3. 70 ± 0. 58		
V27 父亲上网示范			2. 150	0. 117
1 = 从不上网	91	3. 62 ± 0. 56		
2 = 偶尔上网	852	3. 70 ± 0. 55		
3 = 总是上网	342	3. 75 ± 0. 57		
V28 母亲上网示范			2. 268	0. 104
1 = 从不上网	139	3. 63 ± 0. 56		
2 = 偶尔上网	898	3. 72 ± 0. 56		
3 = 总是上网	248	3. 75 ± 0. 54		

资料来源：笔者自制。

6.3.1　父母鼓励独立式教养方式有助于提高网络素养

从样本的变量分布来看（见图 6 - 3），有 70.52% 的被访未成年人平时在家独自完成作业。对于"通常在家的时候，谁陪你写作业？"的问题，选择"独自写作业"的未成年人网络素养最高（M = 3.74，SD = 0.56），且显著高于其他各组有人陪伴写作业的未成年人。根据表 6 - 6 可知，网络素养在"陪伴写作业"的情况下受父母陪伴的影响，但是相对于父母或家教的陪伴，平时在家独立完成作业的未成年人网络素养反而更高。

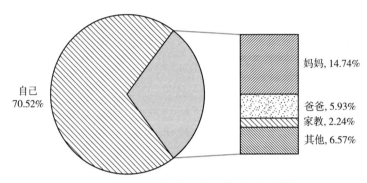

图6-3 陪伴未成年人写作业的成员分布情况

资料来源：笔者自制。

对于多选题变量"V21陪伴上网学习"的样本中（见图6-4），通常上网学习时"没人陪伴"的未成年人占比为56.29%，其次只选择"妈妈"陪伴上网学习的未成年人占比为11.96%，选择"爸爸＆妈妈"都陪伴的未成年人占比为9.26%，而只有"同学"陪伴上网学习的占比近6.81%，其余各组合的占比均不到5.00%。对不同陪伴组合进行网络素养得分均值的单因素方差分析发现，群组间的差异并不显著。只有"同学"陪伴的未成年人网络素养得分最高（M＝3.77，SD＝0.57），而父母同时陪伴的样本组

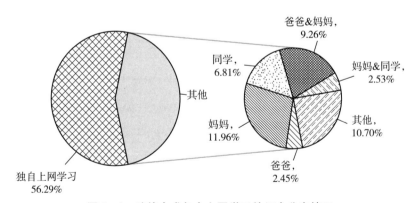

图6-4 陪伴未成年人上网学习的组合分布情况

资料来源：笔者自制。

未成年人网络素养得分最低（M = 3. 63，SD = 0. 53），但是群组间的网络素养均值差异并不显著（P > 0. 05），说明"V21 陪伴上网学习"变量对未成年人网络素养没有统计意义的显著影响，无法验证假设 H2 - 3 - 1。

对于多选题变量"V22 陪伴上网游戏"，平时不打游戏的被访未成年人占比为 27. 24%，一般无人陪伴下独自上网打游戏的未成年人占比为 33. 62%，一般只有父亲陪伴下打网络游戏的占比为 3. 04%，只有母亲陪伴的占比为 2. 80%，父母都会陪伴的占比为 2. 18%。结果显示，平时不在网上打游戏的未成年人网络素养得分（M = 3. 73，SD = 0. 57）和平时打游戏的未成年人网络素养（M = 3. 66，SD = 0. 53）没有统计意义的显著差异（P > 0. 05）；在打游戏的样本中，一般独自打游戏的未成年人网络素养（M = 3. 75，SD = 0. 58）和有人陪伴下在网上打游戏的未成年人网络素养（M = 3. 70，SD = 0. 56）也没有显著差异（P > 0. 05）；在有人陪伴打网络游戏的样本中，对不同组合进行网络素养得分均值的单因素方差分析发现，群组之间的差异依然不显著（P > 0. 05）。说明"V22 陪伴上网游戏"变量对未成年人网络素养没有统计意义的显著影响，无法验证假设 H2 - 3 - 1。

对于多选题变量"V23 陪伴上网聊天"（见图 6 - 5），平时不上网聊天的被访者占比为 12. 68%，一般无人陪伴下独自在网上和其他网民进行聊天等社交活动的未成年人占比为 49. 18%，一般只在父亲的陪伴下上网聊天的占比为 1. 25%，只有母亲陪伴的占比为 3. 89%，父母都会陪伴的占比为 3. 58%。独立样本 T 检验结果显示，平时不上网聊天的未成年人网络素养得分（M = 3. 39，SD = 0. 57）和平时会上网聊天的未成年人网络素养（M = 3. 76，SD = 0. 53）具有统计意义的显著差异（P < 0. 05），说明上网聊天活动有助于未成年人网络素养的培养。在平时上网聊天的样本中，偏好独自上网社交的未成年人网络素养（M = 3. 75，SD = 0. 52）和偏好在他人陪伴下上网聊天的未成年人网络素养（M = 3. 77，SD = 0. 57）不具有显著差异（P > 0. 05）。通过 F 检验对不同陪伴组合的组间差异进行比较，没有发现不同群组之间网络素养得分均值的差异显著性，即父亲陪伴上网聊天或母亲陪伴对未成年人网络素养的影响没有本质差别。对变量"V23 陪伴上网聊天"的检验只能说明上网聊天活动本身对未成年人网络素养培养的作用，只能验证互联网使用行为对网络素养的影响，却依然无法验证父母陪伴与否是影响未成年人网络素养的关键因素，故假设 H2 - 3 - 1 依然无法验证。

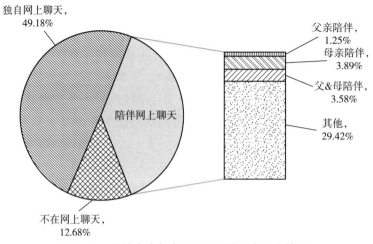

图6-5　陪伴未成年人上网聊天的组合分布情况

资料来源：笔者自制。

　　在对待未成年人的网络使用上，父母要警惕过度的监管行为。中国青少年研究中心发布的《中美日韩高中生在线学习比较研究报告》①显示，在上网的时间、内容和网上学习等细节上，中国高中生的父母关注得最多，67.2%的中国父母会规定高中生子女的上网时间，58.7%的中国父母会与子女确认上网的内容，60.1%的中国父母了解子女在网上学习的情况。过高的网络监管会剥夺孩子独立思考、自主选择的权利，有家长甚至不惜安装摄像头，监视孩童的上网行为，侵犯了孩童的个人隐私。这不利于青少年在青春期日益增长的自主性心理需求的满足，易引起孩子的负面情绪产生逆反心理。

　　在教养方式层面，我国父母教养方式的维度与西方国家维度大体一致，但仍具有其独特性。例如，受传统思想观念的影响，我国家庭的父母会更喜爱做具体决策，在家庭教育中存在更多的操纵和控制行为。而当父母在教育中出现越多的干预行为时，未成年人自身成长和社会化的主动性就会相对减弱。林磊在研究我国幼儿家长的教育方式类型时，②从溺爱性、专制性、放任性、期望性、不一致性、拒绝性和民主性七个维度对父母的教

　　①　中国青少年研究中心：《中美日韩高中生在线学习比较研究报告》，2020年5月14日，https://baijiahao.baidu.com/s?id=1666627852713845423&wfr=spider&for=pc。

　　②　转引自王丽、傅金芝：《国内父母教养方式与儿童发展研究》，载于《心理科学进展》2005第3期，第298~304页。

育方式进行评价，归纳出了五种教育类型：极端型、严厉型、溺爱型、成就压力型、积极型。除积极型外，其余所有教育类型都存在不同维度的缺陷，影响孩子的社会性发展。

父母陪伴变量的有限影响提醒父母在教养方式上要适当转变思路，主动从极端型、严厉型向积极型家长转变。网络素养水平的提高并不是父母对孩童单向度的影响，当父母主动为孩童提供帮助，付出精力了解孩童的上网兴趣、使用习惯，并以开放心态接受孩童对家长的"反哺"时，父母和孩童的网络素养水平会在紧密关联中产生更加积极的相互影响。

综上，如何把握监控的尺度，减少对未成年人个人隐私的侵犯，同时激发未成年人对利用网络提升自我的主动意识，培养未成年人对网络内容的批判意识，是未成年人网络教育的重要议题。

6.3.2　父母的积极态度正面影响未成年人网络素养

对于旨在测量父母态度的问卷问题"爸妈反对你上网吗"，有 77.74% 的被访者认为父母"有时反对"，说明大部分家长对儿童上网的态度较为中庸；相对而言，持反对态度或者支持态度的样本比例均较低。具体来看，选择"不反对"的未成年人网络素养水平（M = 3.90，SD = 0.53）显著高于"有时反对"（M = 3.68，SD = 0.56）和"总是反对"（M = 3.65，SD = 0.58）的组，显著性 P 值小于 0.05，拒绝原假设（见表 6 - 6）。分析结果表明，父母对子女上网的态度越积极，未成年子女的网络素养越高，一定程度上验证了 H2 - 3 - 2"网络素养受父母态度影响"的观点。

综上，根据假设 H2 - 3 不同理论维度所提出的三个子假设中，H2 - 3 - 2 被部分验证，验证的变量问题分别为"V24 通常在家的时候，谁陪你写作业"和"V25 父母反对你上网吗"；而 H2 - 3 - 1 和 H2 - 3 - 3 不成立。即父母态度与父母陪伴对未成年人的网络素养培育有一定正面积极影响。

6.4　结　　论

本章就家庭因素对网络素养的影响进行了逐步验证（见图 6 - 6）。检验结果发现：假设 H2 - 1 - 1、H2 - 1 - 2、H2 - 3 - 2 成立；假设 H2 - 2 - 1、

H2 - 2 - 2、H2 - 2 - 3 部分成立；假设 H2 - 3 - 1、H2 - 3 - 3 不成立。

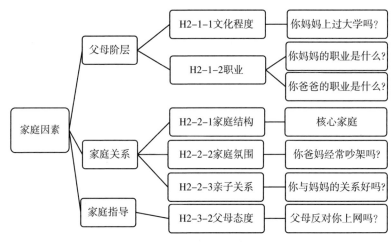

图 6 - 6　验证后的家庭因素影响模型

资料来源：笔者自制。

　　从维果斯基提出的社会发展理论角度看，中介性学习经验能够起到支架的作用，即父母以环境为中介，提供有效的帮助和支持，可以影响儿童的认知、社会情绪和行为的发展。[①]而父母的阶层（如受文化程度、职业）、家庭指导（父母陪伴、父母态度）在一定程度上影响着未成年人的网络素养。

　　具体来看，父母阶层变量中，母亲的文化程度能够显著影响未成年人的网络素养，母亲学历的高低和子女网络素养在一定程度上具有正向相关关系；而父亲文化程度和未成年人网络素养的相关性没有在研究数据中显现。相对于父亲，母亲在家庭教育中一般会投入更多的精力和时间，母亲在孩子成长和家庭教育中的地位不可取代。《习近平关于注重家庭家教家风建设论述摘编》中也指出妇女在树立良好家风方面具有独特作用。[②]父母的职业对未成年人网络素养均有显著影响，网络素养水平呈现出父母职业差异（农民＜工人＜公务员＜商人＜知识分子）带来的递增趋势。虽然母亲是知识

---

　　① 齐亚菲、莫书亮：《父母对儿童青少年媒介使用的积极干预》，载于《心理科学进展》2016年第8期，第1290～1299页。

　　② 李晓阳、曹雅丽：《深入学习〈习近平关于注重家庭家教家风建设论述摘编〉》，新华社客户端转载（2021 - 05 - 12），https://baijiahao.baidu.com/s? id = 1699564912082467550&wfr = spider&for = pc。

分子、商人、公务员的孩子家庭本身文化水平和社会地位较高，但是职业变量并不能完全解释不同家庭的社会经济地位的级差，公务员、商人和知识分子这三种职业在定义上无法体现家庭层次的差别，因此该结论只能有限的验证假设 H2－1。结合父母的文化程度与职业性质可发现，家庭中的"丧偶式带娃"现象日益突显，父亲的家庭角色可能与职业带来的差异对冲，尽管父亲可能从事的"知识分子"等职业能够在一定程度上影响孩子的网络素养，但因其在家庭教育中的角色缺失，并没有在未成年人网络素养教育中发挥作用，导致对孩子网络素养的影响有限。

家庭关系变量中家庭结构、家庭氛围以及亲子关系等得到部分验证，一定程度上证明其是亲子教育效果的影响因素。有大量研究表明，良好的亲子关系对未成年人健康心理人格的塑造至关重要。稳定且和谐的家庭关系对网络素养有正面影响，且对未成年人的信息素养、交往素养、公民素养、安全素养这四个层面有着积极作用。其中，母亲在育儿角色的重要性被再次验证，良好的母子关系也对未成年人的交往素养具有正面意义。

家庭指导变量中，涉及父母上网陪伴的三个问题均无法验证其变量对未成年人网络素养影响的显著性。问题"通常在家的时候，谁陪你写作业"更多地论证了未成年的独立性对网络素养的影响作用。结合中国未成年人陪伴学习的现状，家长的监管式教养方式对提高未成年人网络素养的影响有限，一定程度上说明父母的陪伴方式有待改善，并非不需要父母陪伴。

此外，家庭指导变量中，父母态度理论维度通过问题"父母反对你上网吗"验证了显著的相关性，且父母对子女使用互联网的态度越积极，反对的声音越弱，未成年人网络素养越高。父母是未成年人认识和理解世界的第一窗口，低龄儿童普遍缺乏对新鲜事物的个人理解和客观认知，父母的态度对激发儿童的求知欲和好奇心尤为关键。对未成年人上网行为的支持或反对，能够深刻影响未成年人对互联网技术的求知态度。父母对网络使用的以积极的态度进行引导、讨论，能降低未成年人可能遭遇的某些网络风险。如果父母基于网络安全的考虑，过度反对子女上网，就会误导子女对互联网技术与应用的使用态度，而主动排斥上网实践，长期缺失个人网络素养的培养路径，甚至和学校教育产生冲突。

新媒体环境下，未成年人网络素养的培养对家庭提出了更高的要求，尤其是父母。未成年人网络素养的提高一方面是要求父母家长要具有正确教育孩子的意识和理念，另一方面，也要求建设"父母素质工程"，提高父母的自身素质尤其是品行方面的素质，这是一个和未成年人网络素养建设相关联的问题。母亲的文化程度、父母职业、父母陪伴以及父母态度等都是影响未成年人网络素养的因素。面对双刃剑般的互联网，"如何把握监控的尺度，减少对儿童个人隐私的侵犯""如何积极干预未成年人的网络使用"等议题都是未成年人网络教育的重要课题。

第7章 学校因素对未成年人网络素养的影响

　　学校是未成年人主要的生活场景之一，学校教育更是适龄儿童获取知识与技能的重要途径。1933 年，英国的李维斯和汤普森合作出版了《文化与环境：培养批判的意识》一书，首次对学校引入媒介素养教育问题作了系统阐述，并提出了一套比较完整的建议，其基本目的是"力求通过媒介素养教育，使学生免受媒介所传播的不良文化、道德观念或意识形态的负面影响"。[①]

　　学校是未成年人网络素养教育的承担者，而教师是学校教育的直接参与者和主导者，教师群体的网络使用行为和态度可能对学生的网络素养产生潜移默化的影响。研究表明，教师使用信息技术的自我效能感越高，越倾向于重视学生信息素养的形成与发展，越关注学生信息素养的相关问题。[②] 此外，校园已然成为大多数中国青少年参与朋辈交往的主要场域之一。同学朋友是影响未成年人网络知识来源的重要因素，[③] 尤其是在学校和家庭的教育相对薄弱的时候，同学或朋友之间的交流成为网络知识的重要来源。朋辈因素的影响可以归纳为知识扩散和社交需求两个方面。其中，知识扩散具体体现在网络知识和信息在朋辈间的传播效应，而社交需求具体体现在未成年人与朋辈探讨网络信息的迫切性。

　　根据已有研究，对教师、学校教育、校园学习氛围和同学同伴这四个理论维度进行解构，学校因素的变量与个体、家庭因素不同，定类、定序变量

---

　　① 王莲华：《新媒体时代大学生媒介素养问题思考》，载于《上海师范大学学报（哲学社会科学版）》2012 年第 3 期，第 108～116 页。

　　② 赖子维：《进城务工随迁子女信息素养提升研究——以两所进城务工子弟学校为例》，华中师范大学硕士论文，2017 年，第 37～38 页。

　　③ 冯平、高伟栋：《高职院校学生网络媒介素养调查》，载于《现代视听》2009 年第 8 期，第 77～80 页。

适宜使用回归分析进一步确认影响因素，本章将应用回归分析验证此假设H3，探讨学校因素对未成年人网络素养的影响的显著性研究。

7.1 学校网络环境特征

教师网络使用行为、学校教育条件和同伴关系各有其特点，共同构成了影响未成年人网络生活的学校环境。

7.1.1 教师：网络教学态度积极，创新能力略显不足

为贯彻习近平新时代特色社会主义思想和党的十九大精神，2019年教育部根据《教育信息化2.0行动计划》和《教师教育振兴行动计划（2018～2022年）》总体部署，决定实施全国中小学教师信息技术应用能力提升工程2.0。计划通过示范项目带动各地开展教师信息技术应用能力培训，基本实现"三提升一全面"的总体发展目标：校长信息化领导力、教师信息化教学能力、培训团队信息化指导能力显著提升，全面促进信息技术与教育教学融合创新发展。[①]

国家对教师的信息化教学能力有明确要求，教师需要掌握信息技术应用能力以及运用网络工具进行学情分析、教学设计、学法指导和学业评价等能力，以破解教育教学重难点问题，满足学生个性化发展需求。而随着中小学网络基础设施建设的完善和教育信息化的不断推进，教师的网络使用能力出现较大提升，呈现出三种特征。

（1）网络教学态度积极，日趋常态化。有调查显示，47%的教师表示"非常愿意"使用网络开展教学工作，37.1%的教师表示"比较愿意"，仅有4.3%的教师表示"不太愿意"或者"完全不愿意"。[②] 教师的网络教学态度积极，不仅是国家战略政策推动的结果，丰富的网络教学资源和便捷灵活的网络教学手段为教育资源薄弱的地区提供了缩小鸿沟的途径，互联网带

[①] 中华人民共和国教育部：《教育部关于实施全国中小学教师信息技术应用能力提升工程2.0的意见》（2019年3月），http://www.moe.gov.cn/srcsite/A10/s7034/201904/t2019 0402_376493.html。

[②] 罗儒国：《2.0时代中小学教师网络教学现状与改进策略研究》，载于《教师教育论坛》2020年第12期，第26～30页。

来了教学资源的流动与正向循环，促使网络使用融入教学日常生态。

（2）在线教育平台多元，网上授课方式多样。疫情期间，学校课堂教学转移至线上教学并高速发展。有研究显示，中小学教师在线上教学的方式上，使用最多的是语音和视频连麦，分别有 58.1% 和 53.8% 的所调查老师使用此类方式进行互动。[①] 此外，不同的在线教育产品会对教学产生不同影响，例如综合辅导型产品对在线教学有显著的正面影响，教师会使用这类产品优化教学设计，提高师生互动效果。

（3）教学能力整体提升，网络使用效率与创新能力略显不足。教师群体的触网，使得传统的线下备课、公开课分享向网络课件制作、网络资源分享转变。然而，教师群体参差不齐的网络素养水平使他们在信息获取、甄别、评估、创造和传播方面存在不小差距。在教师日常的网络教学活动中，排在前五位的行为是"搜集、查找教学资源进行备课""设计在线教育活动、作业等""设计在线测验""开展在线协同备课""上传、发送共享教学资源"，[②] 可见，多数教师频繁使用的是初级信息技术工具直接进行资源下载、开展网络促学等行为，综合性网络教学平台的使用效率并不高，仅作为教学辅助工具，教研创新行为偏少。

由于教师的网络使用行为具有潜移默化性，教师的网络使用态度与网络使用行为会长期渗透进未成年人的网络使用中。因此，教师的网络素养水平越高，对学生网络使用的影响越积极。

7.1.2 学校：网络全覆盖，数字教学资源日趋丰富

学校教育条件包括硬件条件和软件条件，网络基础设施等硬件条件为学生创造上网的支撑环境，网络相关课程、教研系统和数字平台等软件条件为学生提供网络素养培育的强大动力。

1. 网络相关课程

网络课程是未成年人在学校环境中获取信息素养的重要途径，国内多数

---

① 北师大新媒体传播研究中心、光明日报教育研究中心：《新冠疫情期间中小学在线教育互动研究报告》（2020 年 4 月），https：//m. gmw. cn/baijia/2020 – 04/02/33708443. html。

② 罗儒国：《2. 0 时代中小学教师网络教学现状与改进策略研究》，载于《教师教育论坛》2020 年第 12 期，第 26 ~ 30 页。

地区（尤其是教育水平相对发达的地区）已经在基础教育体系中为在校学生系统地设置了信息技术课程。

"十三五"以来，教育信息化工作受到党中央、国务院的高度重视。根据2020年12月教育部新闻发布会上一级巡视员高润生的发言，① 优质信息化教育资源已大幅提升。农村教学点数字教育资源全覆盖项目已展开实施，整合开发英语、音乐、美术等学科数字资源6 948学时，与基础教育阶段所有学科教材配套的资源达5 000万条。建成203个国家级职业教育资源库，认定1 291门国家精品在线开放课程和401个国家虚拟仿真实验教学项目。

在数字教学资源繁荣发展的同时，我国的信息素养教育也在探索中前进，并以学校为主要承担者。2018年教育部修订的《中小学图书馆（室）规程（修订）》要求开设新生入馆教育、文献信息检索与利用、阅读指导课等，鼓励纳入教学计划。中小学等各级教育机构在开展信息素养教学上天然具有师资、教学场地和组织方面的优势。② 在开展面向学生的信息素养教育时可以充分利用学校资源，如加强图书馆员与信息课程教师的合作，将信息素养教育融入"信息技术"必修课程等，提高学生的信息获取、识别、评估能力，培养学生的网络安全、网络伦理意识。

我国高等教育学校对信息素养教育的重视程度最高，已积累丰富的信息素养教育经验。除开展新生入学讲座、全校通识课程、各类信息素养专业课程外，不少高等学校面向公众开设了一系列信息素养领域的大规模在线开放课程（Massive Open Online Course，简称MOOC，慕课）。以开放、海量、多元、个性化互动为特征的MOOC为全民媒介素养教育提供了重要契机，促进了信息素养教育对象的扩展。③ 信息素养通识MOOC的教育对象从学生、教师、科研人员拓展到普通大众。有研究针对当前信息素养课程的内容进行分析，发现MOOC平台上的信息素养课程内容已不断拓展，除传统的信息资源检索外，已延伸至媒介素养、视觉素养等新型素养培养；课程的教学体系较为成熟，有丰富的媒体化资源配置和完备的课程

① 高润生：《教育部新闻发布会介绍"十三五"期间国家教育改革发展、教师队伍建设、教育经费投入与使用、信息化建设情况》，教育部（2020 – 12 – 01）. http：//www. gov. cn/xinwen/2020 – 12/01/content_5566284. htm.

② 黄如花、冯婕、黄雨婷、石乐怡、黄颖：《公众信息素养教育：全球进展及我国的对策》，载于《中国图书馆学报》2020年第3期，第50~72页。

③ 潘燕桃、廖昀赟：《大学生信息素养教育的"慕课"化趋势》，载于《大学图书馆学报》2014年第4期，第21~27页。

效果反馈机制。[1]

2. 网络基础设施

学校的网络基础设施为师生开展网络素养教学提供信息化环境，无线网络覆盖、多媒体教室等是网络接触与网络使用的支撑条件。《数字中国发展报告（2020）》显示，截至 2020 年底，我国中小学（含教学点）互联网接入率从 2016 年底的 79.37% 上升到 100%，98.35% 的中小学已拥有多媒体教室，52 个贫困县实现了网络全覆盖。[2]

然而，我国中小学网络环境建设也出现重硬件、轻软件等问题。随着智慧校园建设成为所有学校的奋斗目标，一些学校在硬件方面花费大量资金购置先进网络设备，但未组建或升级与之匹配的软件系统，造成设备的利用效率低下，校园的数字化程度停滞不前。软件系统为教研工作提供平台，为学生学习创设情景，帮助实现教学资源的分享和教学管理的高效化。目前我国学校的网络基础设施已实现全面覆盖，未来各地方学校还需要"因地制宜"，结合自身特点全面、系统地融合软硬件设施搭建，为学生创造智慧校园环境。

7.1.3　同伴：影响未成年人的行为与社会性发展

同伴关系是指同龄人或心理发展水平相当的人在交往过程中建立和发展起来的一种人际关系。青少年通过与同伴的交往收获安全感与归属感，并将他们作为一种社会参照，进行自我形象的建构，形成一定的社会态度。

同伴关系影响未成年人群体的特定行为。学校环境是未成年人主要的社会化场所，具有制度化、强制性和持续性的特征，未成年人的社会认知、个人行为、自我意识都受到学校环境不同层面的影响。除老师外，未成年人在学校环境中接触最多的是同伴，同伴的思想观念、行为习惯等容易在群体间产生广泛的影响，同伴的网络使用行为易在群体间传播扩散。

---

[1]　陈香：《面向全民的信息素养慕课的调查与分析》，载于《图书馆杂志》2021 年第 1 期，第 74~81 页，第 92 页。

[2]　国家互联网信息办公室：《数字中国发展报告（2020 年）》，2021 年 7 月。

荆建华发现，良好的同伴关系有助于培养儿童对环境的积极探索，[1] 对其社会性发展具有重要意义。与同伴维持良好的人际关系能促进未成年人更积极地接触媒介、探索媒介，表达自身观点，参与社交实践，解决实际问题。此外，有的研究关注同伴关系的负面影响，发现同伴过度使用网络的行为与大学生网络成瘾有显著关系，同伴过度使用网络行为越严重，学生网络成瘾的概率越高。[2] 同伴对个人的影响究竟是正面还是负面，很大程度上取决于所处的群体特征。[3] 因此，对未成年群体进行正确引导，加强课程培训，帮助群体树立正确的网络媒介认知，提升网络素养有其必要性。

7.2 学校因素的变量筛选

在明确了学校因素影响未成年人网络素养的不同理论维度之后，首先通过 T 检验将与网络素养得分无关的二分变量予以排除。对学校因素中的所有二分变量进行独立样本 T 检验结果见表 7-1，其中显著性水平小于 0.05 则可以拒绝均值无差异的原假设 H0，从而认为二分变量的均值差异显著。

表 7-1　　　　　　　　学校因素对网络素养得分的 T 检验

组别	有效样本	网络素养得分 (M±D)	T	P 值
总体	1 285	3.72±0.56		
V29 教师使用行为			5.486	0.000
常用	1 051	3.76±0.53		
不常用	232	3.50±0.65		
V34 网上自我保护			6.688	0.000
教过	1 051	3.77±0.52		

① 荆建华：《儿童同伴关系的发展及其对儿童社会化影响问题初探》，载于《心理学探新》1988 年第 2 期，第 68～72 页。

② 张锦涛、陈超、刘凤娥、邓林园、方晓义：《同伴网络过度使用行为和态度、网络使用同伴压力与大学生网络成瘾的关系》，载于《心理发展与教育》2012 年第 6 期，第 634～640 页。

③ 张大伟、谢兴政：《隐私顾虑与隐私倦怠的二元互动：数字原住民隐私保护意向实证研究》，载于《情报理论与实践》2021 年第 7 期，第 101～110 页。

续表

组别	有效样本	网络素养得分（M±D）	T	P 值
没教过	234	3.47±0.64		
V35 网络诈骗防范			6.107	0.000
教过	1 079	3.76±0.53		
没教过	204	3.47±0.64		
V36 网络欺凌防范			8.247	0.000
教过	1 078	3.77±0.54		
没教过	199	3.42±0.58		
V37 网络实践教育			5.327	0.000
有	747	3.78±0.53		
没有	536	3.61±0.59		
V39 游戏知识扩散			0.610	0.542
（同伴）会推荐	932	3.71±0.56		
（同伴）不会推荐	353	3.70±0.57		
V40 视频信息扩散			2.364	0.018
（同伴）会推荐	832	3.74±0.56		
（同伴）不会推荐	452	3.66±0.56		
V41 学习资料扩散			4.845	0.000
（同伴）会推荐	954	3.76±0.54		
（同伴）不会推荐	331	3.59±0.59		
V42 网络社交焦虑			−2.091	0.037
会（焦虑）	215	3.64±0.60		
不会（焦虑）	1 068	3.73±0.55		

资料来源：笔者自制。

检验结果表明，"V39 游戏知识扩散"变量的均值差异不显著，即"小伙伴是否推荐游戏"不会给未成年人网络素养造成统计意义上的显著影响，后续分析将剔除这个变量。其余的八个二分变量（V29/V34/V35/V36/V37/V40/V41/V42）的 T 检验显著性 P 值都小于 0.05，对网络素养得分具有显著影响，予以保留。

对学校因素中的各定序变量与网络素养得分（连续变量）的关系，可以采用单因素 ANOVA 进行衡量。其中，已知的定序变量包括"V30 教师使用态度""V31 软件应用教育""V33 网络危险提醒""V38 校园学习氛围"。此外，在分析多项选择题变量"V32 网络基础课程"时，首先对其四个选项"计算机基础""网络基础""编程""网络安全"进行赋值（1 = 选，0 = 未选），再进行加总，转化为定序变量（取值范围为 0 ~ 4），加总所得的数值越大，代表未成年人所受到的网络基础教育越广博。F 检验的结果见表 7 - 2。

可见，除了 V33 以外，其他定序变量与网络素养得分的 F 检验显著性 P 值都小于 0.05，拒绝原假设 H0，网络素养得分的组间差异显著，说明 V30、V31、V32、V38 这四个变量对未成年人网络素养具有统计意义上的显著影响，予以保留。"V33 网络危险提醒"变量对网络素养的影响不显著，在后续分析将被剔除。

表 7 - 2　　　　　　　　　　学校因素对网络素养得分的 F 检验

组别	有效样本	网络素养得分 （M ± D）	F	P 值 （群组之间）
总体	1 285	3.72 ± 0.56		
V30 教师使用态度			3.588	0.013
0 = 不知道	273	3.63 ± 0.61		
1 = 全部都反对	205	3.69 ± 0.58		
2 = 有的老师反对	693	3.73 ± 0.53		
3 = 全不反对	114	3.81 ± 0.56		
V31 软件应用教育			10.125	0.000
1 = 不教	272	3.58 ± 0.59		
2 = 偶尔教	792	3.75 ± 0.53		
3 = 总是教	221	3.73 ± 0.58		
V32 网络基础课程			9.093	0.000
0 = 未有所列课程	257	3.59 ± 0.58		
1 = 有 1 门所列课程	486	3.67 ± 0.57		
2 = 有 2 门所列课程	317	3.77 ± 0.51		
3 = 有 3 门所列课程	154	3.79 ± 0.56		

续表

组别	有效样本	网络素养得分（M ± D）	F	P 值（群组之间）
4 = 有 4 门所列课程	71	3.98 ± 0.48		
V33 网络危险提醒			2.051	0.129
1 = 从不提醒	31	3.65 ± 0.71		
2 = 偶尔提醒	409	3.67 ± 0.54		
3 = 总是提醒	845	3.74 ± 0.56		
V38 校园学习氛围			4.137	0.002
1 = 非常差	18	3.54 ± 0.81		
2 = 较差	25	3.63 ± 0.50		
3 = 一般	213	3.59 ± 0.54		
4 = 较好	480	3.74 ± 0.54		
5 = 非常好	549	3.75 ± 0.57		

资料来源：笔者自制。

7.3　学校因素的回归分析

本节将从回归分析进一步解释学校因素对未成年人网络素养的影响，以此验证假设。考虑到一些自变量背后存在共同的变量影响的可能，会出现共线性的问题和效度不够的问题，从而影响结果合理性与解释力。因此，在建构回归方程前对除 V33 和 V39 外的剩余其他自变量做因子分析。分析发现，在只有 V29、V30、V31、V34、V35、V36、V38、V40、V41 时，能得到较好和较合理的合成因子。此时，提取了 4 个因子，累计方差为 63.69%，其 KMO 系数为 0.688（P < 0.05），接近 0.7，基本可以接受［见表 7 - 3（a）］。其旋转后的成分矩阵如表 7 - 3（b）。结合问卷与实际情况对这 4 个因子分别命名为网络安全教育（net_education）、教师网络使用（teacher_using）、学习氛围（learning_atmosphere）、群体网络认知（social_cognition）。

表 7 - 3（a）　　　　　　　　　　因子分析总方差解释

组件	初始特征值			旋转载荷平方和		
	总计	方差百分比	累积（%）	总计	方差百分比	累积（%）
1	2.355	26.166	26.166	2.097	23.302	23.302
2	1.246	13.845	40.011	1.284	14.266	37.568
3	1.124	12.484	52.496	1.215	13.496	51.064
4	1.007	11.194	63.690	1.136	12.626	63.690
5	0.891	9.897	73.587			
6	0.768	8.533	82.121			
7	0.721	8.014	90.135			
8	0.574	6.377	96.512			
9	0.314	3.488	100.000			

资料来源：笔者自制。

表 7 - 3（b）　　　　　　　　　　因子分析旋转后的矩阵

自变量	组件			
	1	2	3	4
V29	-0.028	**0.803**	0.018	0.009
V31	0.181	**0.698**	0.011	0.079
V34	**0.825**	0.217	-0.029	0.089
V35	**0.872**	0.090	0.027	0.043
V36	**0.754**	-0.032	0.087	0.109
V38	0.159	0.100	**0.753**	0.154
V40	0.098	0.065	**-0.774**	0.144
V30	-0.002	0.249	-0.142	**0.663**
V41	0.135	-0.140	0.141	**0.790**

资料来源：笔者自制。

　　将上述合成因子与未加入因子分析的 V32、V37 和 V42 作为自变量，与因变量建立线性回归模型。经检验，回归的等方差性、观测值相互独立等假设均通过要求。结果见表 7 - 4（a）。其中，学校角度的因素共解释了网络素养 0.104 的变异，具有中等影响。Durbin-Watson 检验为 1.68，比较接近数值 2，因变量具有独立性。模型的 ANOVA 检验见表 7－4（b），其中显著性 Sig <0.005，本模型具有统计学意义。

其中，变量"V32 网络基础课程""net_education""teacher_using"和"social_cognition"的显著性 P 值 <0.05，关系成立［见表 7－4（c）］。信息技术课程教育、网络安全教育、教师网络使用和群体认知对于未成年网络素养有影响，他们的影响系数分别为 0.035、0.131、0.067 和 0.075，且均为正面影响，其中以网络安全教育对未成年网络素养得分影响最为明显。

表 7－4（a）　　　　　　　　线性回归模型摘要

模型	R	R^2	调整后的 R^2	标准估算的错误	Durbin-Watson（U）
1	0.331	0.110	0.104	0.532487	1.680

资料来源：笔者自制。

表 7－4（b）　　　　　　　　线性回归 ANOVA

模型	平方和	自由度	均方	F	显著性
回归	44.634	8	5.579	19.677	0.000
残差	361.800	1 276	0.284		
总计	406.434	1 284			

资料来源：笔者自制。

表 7－4（c）　　　　　　　　回归系数结果表

模型	非标准化系数		标准系数	t	显著性
	B	标准错误	贝塔		
（常量）	3.530	0.099		35.647	0.000
V32	0.035	0.014	0.071	2.540	0.011
V37	0.060	0.033	0.053	1.854	0.064
V42	－0.075	0.040	－0.050	－1.852	0.064
net_education	0.131	0.016	0.233	8.176	0.000
teacher_using	0.067	0.016	0.120	4.228	0.000

续表

模型	非标准化系数		标准系数	t	显著性
	B	标准错误	贝塔		
learning_atmosphere	0.012	0.015	0.022	0.792	0.429
social_cognition	0.075	0.015	0.133	4.950	0.000

资料来源：笔者自制。

变量"V37 网络实践教育""V42 网络社交焦虑"和"learning_atmosphere"的显著性 P > 0.05，无统计学意义，其与因变量的关系不成立，说明 V37、V42、V38、V40 这四个变量对未成年网络素养无显著影响。"V37 网络实践教育"不显著的原因可能在于，学校中的课外活动多种多样，学生可以选择其他课外活动，网络课外活动较其他课外活动吸引力和影响度并无明显优势，因而对于未成年网络素养影响有限。至于"V42 网络社交焦虑"无影响，可能在于新一代未成年人更加关注自我，有自己的想法和抉择，对此不关注也很正常。加上这种趋向在学校中并非占主导地位，所以影响有限。而学习氛围对网络素养影响不显著在于网络学习还未被普遍接受，有些学校将网络相关学习纳入培养学生的目标范围，而有些小学仍停留在传统的教学层次，因此呈现出整体不显著。

综上，最终的回归方程为：

$$score = 3.53 + 0.035 \times V32 + 0.131 \times net\_education + 0.067 \times teacher\_using + 0.075 \times social\_cognition$$

并可以展开为：

$$score = 3.53 + 0.050808 \times V29 + 0.066146 \times V30 + 0.076402 \times V31 + 0.035 \times V32 + 0.129289 \times V34 + 0.123487 \times V35 + 0.104805 \times V36 + 0.067555 \times V41$$

由此可见，在学校因素中，校园的网络应用教育和网络安全教育、教师的网络使用行为和态度、同伴间的网络知识扩散对未成年人的网络素养产生显著影响。其中，网络应用和安全教育越普及，教师网络使用行为和态度越积极，同伴间的知识扩散越频繁，未成年人的网络素养水平越高。

因此，假设 H3 - 1 - 1、H3 - 1 - 2、H3 - 2 - 1、H3 - 2 - 2、H3 - 4 - 1 成立；其他假设不成立。其中，H3 - 2 - 2、H3 - 4 - 1 较好地拟合了本研究前述假设的变量分解；但是 H3 - 1 - 1、H3 - 1 - 2、H3 - 2 - 1 需要重构成

新的变量 teacher_using 和 social_cognition，前述假设的变量分解路径没有得到准确的验证，需要对模型进一步调整。通过 SPSS 的 T 检验、F 检验和回归分析可知，学校因素对未成年人网络素养的影响显著性得到部分验证。经验证归纳出的模型见图 7 – 1。

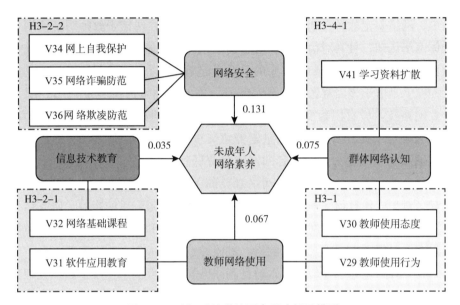

图 7 – 1　验证后的学校因素影响假设模型

资料来源：笔者自制。

7.4　结　　论

本研究在以往研究的基础上，对影响未成年人网络素养的学校因素，从教师、学校教育条件和朋辈等方面做了进一步探究和归纳。结合上文数据结果和模型分析，得出以下结论。

（1）推行网络教育课程，坚持知识技能培养和安全观念培育并举，是提升未成年人网络素养的最好方式。网络作为新技术手段，即便是发展到今天，仍存在着一定的使用门槛。对未成年人而言，其理解能力和自主学习能力有限，如果没有接受过相关网络教育，网络知识技能缺乏和网络认知存在偏差就很常见。学校教育变量的影响水平相对于其他教师变量和同伴变量更为明显，学校的网络基础教育和网络素养教育将会显著影响未成年人网络素养水平。而学校的学习氛围和网络课外活动对提升未成年人网络素养并不明显，主要原因为各地区学校对网络的接纳和重视程度不同，且网络课外活动开展力度和影响力有限。因此需注意网络素养教育的内容和深度，仅注重网络技术的培养和提示上网危险是不够的。在网络素养线性回归模型的四个因素中，网络安全教育在回归方程中的系数为 0.132，两倍于教师网络使用和群体网络认知，且其对信息素养等方面的素养均有显著影响。网络信息技术教育因素在网络素养回归方程中的系数看起来是四个因素中最小的，但这很大程度上是由于该因素选项范围为 0~5，而其他因素选项多为 1~2，因而导致网络技术教育因素变动一个单位时，对未成年人网络素养影响不大。网络教育对于提升未成年人网络素养意义重大，有必要推行以信息技术教育和网络安全教育为主要内容的网络教育课程。

（2）教师是影响未成年人网络素养的关键因素。教师是学习活动的引导者，对于成长过程中未成年人的学习和发展有举足轻重的影响。研究结果显示，教师对学生使用网络的态度、教师使用网络和自身网络使用行为在很大程度上引导了未成年人使用网络，进而影响了未成年人网络素养水平。与此同时，教师也是学校信息技术教育和网络安全教育的承担者，如果教师自身网络素养水平不高，将会使网络课程教育效果大打折扣。基于此，教师对于未成年人网络素养提升意义更大。培养未成年人的网络素养需要关注教师群体这个"关键"。目前的教育方式对网络素养教育效果存在影响，需注意网络素养教育的内容、深度与开展方式，改善当下以说教为主的模式，寻求更加有效的教育教学方式。

（3）群体对未成年人网络素养的培育起着潜移默化、不可忽视的作用。朋辈因素对未成年人网络素养有一定影响，但相较前两个因素影响有限。参与群体生活是未成年人在学校中不可或缺的社会需求，群体中的他人不可避免地影响着未成年人。朋辈因素体现为群体对于网络的认知，由于未成年人所处群体一般没有明确的群体规范，不会强制性地规定个体行为，因此朋辈更多是作为一种环境因素对未成年人起着潜移默化的作用。在研究中，群体认知对因变量的影响系数要大于教师网络使用行为，尤其是在一些网络教育缺位、教师不使用网络的地区，群体认知的影响将会更为广泛、巨大和深入，对于各个方面素养的分析也证明了这一点。另外还发现，群体传播游戏、视频、讨论网络流行事件对未成年人网络素养水平无影响，这可能是由于娱乐性质的内容便于获取，对增进未成年人网络技能和知识无益。未成年人也能够自行寻找游戏与视频，同伴传播对其影响不大。然而传播网络学习资料则对未成年人网络素养水平有正向影响，原因在于它本身就是网络素养教育的过程。这启发我们应重视群体传播的正面价值。

第8章　未成年人网络素养 提升的全球实践

20 世纪 90 年代初，互联网在发达国家逐渐普及。截至 2021 年 5 月，英国、日本等收入较高的发达国家的未成年人家中互联网普及率普遍高于发展中国家，其中最低为 78%（日本），最高为 99%（英国）。[①]

未成年网民规模持续增长，触网低龄化趋势更为明显。未成年人身心尚未成熟，网络对他们的价值观和世界观具有重要的塑造作用。然而，数字安全与网络素养起初并没有受到人们重视。互联网充斥着各种各样的安全风险，例如不良信息、网络诈骗、非法交易等。由于未成年人未曾接受过防范教育，他们更容易在使用互联网的过程中受到精神污染，陷入危险之中，新媒体时代下提升未成年人的网络素养、保护未成年人数字安全也因此成为重要的社会议题。

随着数字时代的来临，数字技能和网络素养成为劳动者必备的能力，也日渐成为影响国家竞争力的关键要素。越来越多的国家和地区已经意识到提升未成年人网络素养的重要性，并为之付诸努力。

8.1　美　　国

在美国，随着数字技术的发展，数字素养逐渐进入人们的视野，并成为热点之一。美国未成年人网络素养的培养跟随国家的战略与政策，在各个层面实施相应的举措。2018 年国际计算机和信息素养研究（ICILS）显

---

① UNICEF：UNICEF Global database on school-age digital connectivity，UNICEF，2021，https：//data. unicef. org/topic/education/learning-and-skills/.

示，美国八年级学生的平均得分高于计算机和信息素养的国际平均水平，美国在参加计算机和信息素养评估的 14 个国家中排名第五。[1] 美国国家教育进步评估（NAEP）在 2018 年的报告中指出，美国八年级学生在 2018 年测得的技术与工程（TEL）素养较 2014 年的总体情况均有所提高，总分提高 2 分，46% 的学生熟练度高于 NAEP 的测试水平，57% 的学生在 2018 年至少选修了一门与技术或工程相关的课程，较 2014 年提高了 3% ~ 5%。[2] 可见，美国的举措得到了一定的成效，在未成年人网络素养领域中越走越远。

8.1.1　战略与政策支持教育体系与基础设施发展

美国的战略与政策围绕着教育体系和基础设施建设两个方面开展未成年人网络素养的提高工作。

2005 年、2010 年、2013 年，美国政府分别发布"国家教育技术计划 2005""国家教育技术计划 2010""连接教育计划"，不断为教育信息化可持续发展注入新内容，从教学内容、教师信息素养、基础设施等方面构建 21 世纪教育技术发展模型，变革教育。为培养教师的教学信息化能力，"国家教育技术计划 2010"提出：（1）为教师提供个性化技术支持，使他们为所有学习者提供更有效的教学；（2）利用技术为职前、新入职和在职教师创建教师个人终身学习网，进行网上教学设计和资源共享，促使教师进行及时专业的学习；（3）为教师提供基于技术支持的学习体验，提高他们的数字素养，使他们能够为提高学生的学习、评估和教学实践创造引人入胜的任务；（4）发展具有在线教学能力的师资等。[3] 2010 年美国联邦通信委员会更是在"国家宽带计划"中再次提出解决教育基础设施建设的措施。

2016 年，美国为丰富技术教育的内容，提出人工智能技术的教育应用，

---

① Elementary and Secondary STEM Education，Science & Engineering Indicators，2018，https：//ncses. nsf. gov/pubs/nsb20211/student-learning-in-mathematics-and-science # international-comparisons-of-computer-science-performance.

② NAEP Report Card：Technology & Engineering Literacy（TEL）Highlights from the 2018 Assessment，NAEP Report Card（2019 – 04 – 30），https：//www. nationsreportcard. gov/tel_2018_highlights/.

③ 徐晶晶：《中、美教育信息化可持续发展比较研究及启示》，载于《中国电化教育》2017 年第 11 期，第 28 ~ 35 页，第 51 页。

连续发布《规划未来，迎接人工智能时代》《国家人工智能研究与发展战略计划》和《人工智能、自动化与经济》阐释美国人工智能方面的发展计划。

2018 年，美国在教育战略中将"数字素养"划为培养重心，大力发展STEM 教育体系。美国科技政策办公室发布的《2018～2023 年 STEM 教育战略规划》表示数字素养高则代表此人掌握更强的 ICT 能力与数据思维。[①] 2020 年，俄勒冈州细化了对未成年人的教育要求，发布《STEM 教育计划》，具体措施主要包括在 K－12 的教学计划里增加更多的项目实践活动、增加小学科学课的时间、增加高质量的课外实践活动、推动 STEM 教学计划的制定、为高中学生提供基于 STEM 教育的实习机会等（相关文件见表 8－1）。[②]

表 8－1　　　　　　　　美国未成年人网络素养相关战略与政策

时间	发布机构	文件名称	内容
2005 年	美国政府	国家教育技术计划 2005（NETP2005）	教育信息化政策可持续发展的关注点为宽带接入、创新、数字内容、教师信息素养
2010 年	美国政府	国家教育技术计划 2010（NETP2010）	提出为每一位学生和教育者提供广泛的基础学习设施，包括人力资源、学习资源、相关政策、宽带连接和不断改善的可持续发展模式等，构建了技术推动学习的 21 世纪教育技术发展模型，形成了以学习、评价、教学、基础设施和生产力的提升为目的的可持续发展模式
2010 年	美国联邦通信委员会	国家宽带计划	旨在解决国家技术基础设施，其中就包括教育基础设施
2013 年	美国政府	"连接教育"（Connect ED）计划	旨在持续升级网络连接并将最新教育技术设备引入校园，进而变革教与学
2016 年	美国政府	国家教育技术计划 2016（NETP2016）	提出对基础设施的发展和维护负责，确保教育技术的长期可持续发展

① 张秋菊：《美国发布〈2018～2023 年 STEM 教育战略规划〉》，中国科学院科技战略咨询研究院（2019－01－29），http：//www.casisd.cn/zkcg/ydkb/kjzcyzxkb/kjzczxkb2019/kjzczxkb201902/201901/t20190129_5236494.html.

② OREGON. GOV：Oregon STEM Investment Council：2021－2025 STEM Education Plan，2021，https：//www.oregon.gov/highered/institutions-programs/workforce/Documents/STEM/2021－2025%20Oregon%20STEM%20Education%20Plan.pdf.

时间	发布机构	文件名称	内容
2016 年	美国政府	《规划未来，迎接人工智能时代》《国家人工智能研究与发展战略计划》《人工智能、自动化与经济》	全面阐释了美国人工智能方面的发展计划，人工智能技术的教育应用是报告的内容之一
2018 年	美国科技政策办公室	《2018～2023 年 STEM 教育战略规划》	规划其中的一个重心是培养数字素养，数字素养高则代表此人掌握更强的 ICT 能力与数据思维
2020 年	俄勒冈州	《STEM 教育计划》	在 K–12 的教学计划里增加更多的项目实践活动、小学科学课的时间和高质量的课外实践活动，推动 STEM 教学计划的制定、为高中学生提供基于 STEM 教育的实习机会等

资料来源：根据《规划未来，迎接人工智能时代》《国家人工智能研究与发展战略计划》《人工智能、自动化与经济》《2018～2023 年 STEM 教育战略规划》《STEM 教育计划》等相关资料整理。

8.1.2　创建网络素养教育课程体系

美国信息教育发展较其他国家较为成熟。因其高度重视信息技术在基础教育中的应用，发布的系列国家教育技术计划都特别强调对 ICT 的应用，强调运用 ICT 促进教育的改革与发展。如 NETP2005 中提到要鼓励使用宽带网，关注技术的使用，以学生发展为中心；NETP2016 中提到要通过技术参与学习，利用技术来开展教学；美国教育技术国际协会（The International Society for Technology in Education，ISTE）更在 2016 年发布的《学生标准》（ISTE Standards for Students）中，加入了"数字公民"维度，基于互联网所具有的互联特性，将个人在线隐私安全、在线社交工具使用能力以及数字公民意识纳入学生培养体系。[1]

美国对中小学生的网络素养教育渗透了"基于探索"的教育思想。早期的 ICT 教育注重知识的传授和解惑，而数字时代的儿童教育更侧重于自我发展能力的提升和培养。在实践中探索、反思、提升，不断获得自我的发展，以多种方式实践基于网络探究的网络素养教育行动，并且强调终身教育的重要性，体现了美国儿童网络素养教育的能动性。[2]

---

[1]　尹睿：《未来学习者，你准备好了吗——美国 ISTE〈学生标准〉解读及启示》，载于《现代远程教育研究》2018 年第 1 期，第 58～67 页。

[2]　李宝敏、李佳：《美国网络素养教育现状考察与启示——来自 Lee Elementary School 的案例》，载于《全球教育展望》2012 年第 10 期，第 69～75 页。

后期强化 STEM（Science，Technology，Engineering，Mathematics）教育的影响，《2018～2023 年 STEM 教育战略规划》与俄勒冈州的《STEM 教育计划》更是强调了 STEM 教育的重要性。

美国公共图书馆在开展 STEM 相关的教育课程方面起着举足轻重的引导作用，为提供技术获取及支持数字素养发展方面做出很多努力。2020 年美国图书馆协会（American Library Association，ALA）的子机构——美国公共图书馆协会（Public Library Association，PLA）调查统计显示，全美现共计 9 178 所公共图书馆，其中 88% 提供网络素养相关课程。[①] 目前儿童数字素养教育在美国公共图书馆已经实现了较大程度的覆盖，且建立了各具特色的公共图书馆儿童数字素养教育项目。[②] 项目主要包括面向儿童的网络素养启蒙游戏体验、网络素养课堂、网络安全培训等，[③] 课程主要根据儿童的年龄层与需求提供 0～4 岁儿童的数字故事时间、4～6 岁儿童的乐高创客活动，10 岁以上青少年的机器人编程活动及电影拍摄剪辑等，内容丰富、形式多样，涉及儿童发展的各个阶段。形式上除了现场教学，还有研讨会、比赛等。"[④] 同时还与时俱进，紧跟技术潮流，如随着 3D 打印技术不断创新开展的相应课程。

美国还非常重视 ICT 在教学实践中的应用，积极探索出了一些 ICT 支持的创新教学模式并被广泛应用。从早期的计算机辅助教学，到 Webquest[⑤]、翻转课堂和移动学习等，这些新兴教学模式正是 ICT 应用于教学的典型，为世界各国的信息技术与教育教学的深度融合提供了有价值的参考。自 2011 年开始，美国新媒体联盟陆续发布"新媒体联盟技术展望"，预测全球范围内将会对教育产生重大影响的新兴技术，讨论在更具体区域内如何使用技术，指明了未来 ICT 的应用趋势。此外，美国数字素养网站为教师提供专业的在线课程、网络研讨会以及数字教材资源。[⑥] 美国 FBI 网站设计了有趣的

---

① PLA：2020 Public Library Technology Survey，PLA（2020），https：//www. ala. org/pla/sites/ala. org. pla/files/content/data/PLA－2020－Technology-Survey-Summary-Report. pdf.

②④ 蔡韶莹：《美国公共图书馆儿童数字素养教育调研与分析》，载于《图书馆建设》2020 年第 6 期，第 142～151 页。

③ 雷雪：《图书馆未成年人数字素养培育研究进展》，载于《图书馆建设》2021 年 9 月，第 1～12 页。

⑤ Webquest 是一种由美国加州圣地亚哥州立大学的杜博礼教授于 1996 年发明的培养学童思考的方法。它是一种以探究为本的崭新学习方式，让学生通过在网络上搜索相关的信息去解决问题，从而达至鼓励学生学会学习的目的。

⑥ US Digital Literacy，http：//digitalliteracy. us/about-us/.

网络素养知识闯关小游戏来提高未成年人的学习体验。[①]

8.1.3 建立教育信息化能力评估体系

美国 STEM 教育如火如荼地开展，为了更好地了解美国学生在技术和工程领域的知识和能力，了解数字素养培养的进度，美国设置了不同的评估体系。

作为美国基础教育领域最具影响力的评估项目，美国国家教育进步评估（NAEP）管理了技术和工程素养（TEL）评估，对四年级、八年级和十二年级学生进行评估，了解学生的学业动态。NAEP 分为全国性测评和州测评两种，全国测评每年实施一次，州测评则两年实施一次，均在当年一月的最后一周至三月的第一周进行，由联邦政府主导实施，并由法律制度加以保障。[②] 2014 年 NAEP 首次针对学生的 TEL 进行了评估，测评完全通过网络进行，目的是进一步为改善 STEM 教育提供有力的改革证据。

NAEP 测评框架主要考查学生在"技术与社会""设计与系统""信息与通信技术"三大领域中关于"理解技术原理""开发解决方案和实现目标""沟通与合作"三方面的实践能力（见表 8 - 2）。这三大领域和三种实践能力互相重叠互相渗透，任何一个领域都可能体现出任何一种实践能力，三种实践能力也贯穿于三个领域，而三大领域从不同侧重的子领域（也包含着不同的实践能力）来测评学生的技术素养。TEL 评估衡量三个相互关联的内容领域以及跨越内容领域的三个实践，在解决问题时，学生应该能够在内容领域内和跨内容领域应用每个 TEL 实践。[③]

表 8 - 2 　　　　　　　　NAEP 2018 年技术与工程素养测评维度

3 个领域维度及其在实践中的表现		
领域维度	技术与社会（能够了解技术对社会和环境影响以及由这些影响引起的伦理问题）	设计与系统（关注技术本质和技术开发过程，以及理解日常技术的基本原则）	信息与通信技术（使用能够访问、创建和交流信息以及能够表达的软件和系统）

---

① FBI SAFE ONELINE SURFING, https：//sos. fbi. gov/en/eighth-grade. html.

②③ 庄腾腾、谢晨：《我国中小学生技术素养测评工具设计探析——基于国际科学与技术素养测评框架》，载于《华东师范大学学报（教育科学版）》2018 年第 6 期，第 42～53 页，第 155 页。

实践维度	理解技术原理 （重点关注学生能够如何应用技术知识）		
实践能力 在领域中 的内涵	1. 了解技术的可持续性和环境影响 2. 了解信息和通信技术的社会影响 3. 了解社会力量如何影响技术的发展和获取	1. 了解科学、技术和工程的不同之处 2. 理解发明和创新中的概念 3. 了解工程过程的特点 4. 了解技术系统的目标和功能 5. 知道电子产品需要维护和检查 6. 了解设计需求具有成功的标准、界限和评价	1. 了解如何选择合适的数字工具来达到既定目标 2. 使用风格指南（style guides）来展示如何正确地分工 3. 了解如何检查信息来源 4. 了解合作的多种形式以及可以应用不同类型的技术合作
实践维度	开发解决方案和实现目标 （学生能系统地使用技术知识、工具和技能来解决问题并实现现实中提出的目标）		
实践能力在 领域中的内涵	1. 了解技术、社会、环境因果关系的原因 2. 掌握评估替代解决的方案和成本/收益方案 3. 了解设计过程信息	1. 了解预测设计的后果 2. 了解对故障设备或系统进行故障排查 3. 掌握分析设计过程或故障排查的初始步骤 4. 理解如何设计产品或系统来满足需求 5. 理解和使用模型来解决工程和设计问题	1. 了解如何创建文本、可视化或模型来解决问题 2. 懂得通过浏览和搜索收集信息 3. 理解如何使用模拟或仪器数据 4. 具有识别信息失真、误解或夸张的能力 5. 具有分析材料、信息或数据以解决问题的能力
实践维度	沟通与合作 （关注学生能以何种方式使用多种现代技术进行交流，以个人或团体的形式与同辈或专家进行交流）		
实践能力在 领域中的内涵	1. 懂得如何提出并证明自己的决策、建议或分析 2. 能够评估专家的资格、可信度或客观性	能够解释和证明设计	1. 能够识别合作和合作技术的各种形式 2. 能够根据对他人的理解和其使用的沟通方式调整正在进行的沟通内容 3. 能够创建演示文稿和其他产品来支持沟通

资料来源：U. S. Department of Education：TECHNOLOGY & ENGINEERING LITERACY FRAME-WORK for the 2018 NATIONAL ASSESSMENT OF EDUCATIONAL PROGRESS，https：//www. na-gb. gov/content/dam/nagb/en/documents/publications/frameworks/technology/2018 – technology-framework. pdf.

NAEP Technology & Engineering Literacy（TEL）Report Card：About the TEL Assessment，https：//www. nationsreportcard. gov/tel/about/assessment-framework-design/.

其他的评估体系也有从技术使用的等级维度进行测量，如美国 CEO 论坛开发的 STaR（School Technology and Readiness）评估量表对硬件和网络连通性、教师专业发展、数字化资源、学生成就和考核四个指标做了详细具体的说明。

美国的部分学校结合自身实际情况，积极参与 ICT 能力评估，如圣安德鲁斯中学已开始实施 ICT Enrichment Programme：Baseline ICT Standard，从基本操作、学习信息搜索、Word 文字处理、多媒体制作、数据处理、网络交流工具和数据收集工具的使用七个方面详细规定了各个方面应该掌握的技能。

8.1.4　自主监管市场行业，开展市场研究，提供技术支持

2020 年，美国非营利性组织常识媒体（Common Sense Media）的研究报告指出，在 8 岁及 8 岁以下的儿童中，高达 94% 的儿童进行数字媒体活动，如观看视频、玩游戏、阅读、视频聊天等，每天使用数字媒体的平均时间为 144 分钟，年龄越大，时间越长。[①] 随着互联网应用人群的低龄化，美国社会逐渐关注此方面内容，第三方社会组织及企业积极推进提高未成年人网络素养的计划。

其一，设置游戏分级制度。在北美地区已经实施多年的电子游戏与娱乐软件的 ESRB 分级制度是由非营利机构娱乐软件分级委员会（Entertainment Software Rating Board，ESRB）创立，其主要根据游戏内容进行分级，内容描述标注在包装盒的背面，紧靠着分级标识，提示游戏中可能出现的内容，青少年（Teen）的分级标准为内容适合 13 岁及以上的玩家。但曾因内容审查标准问题引发了较大的争议。

其二，研究与监测媒体市场，并提供数字支持。常识媒体在未成年人网络素养方面倾注大量心血，它致力于帮助所有孩子在媒体和技术世界中茁壮成长，通过媒体市场的研究及评议报告、K-12 教育课程支持、媒体技术支持等方面提供公正的信息、可靠的建议和创新的工具来帮助父母、教师和政

---

① Common Sense. THE COMMON SENSE CENSUS：MEDIA USE BY KIDS AGE ZERO TO EIGHT 202，https：//www. commonsensemedia. org/sites/default/files/uploads/research/2020_zero_to_eight_census_final_web. pdf.

策制定者利用媒体和技术的力量为未成年人保驾护航。① 专为青少年服务的美国青少年图书馆协会（Young Adult Library Services Association，YALSA）在出版物、网站等均有经营与网络素养相关的举措，如在 2017 年出版的《青少年素养工具书》（*Teen Literacy Toolkit*）中有意识地从实践层面的搜索技能及阅读技巧两个方面引导青少年的网络素养。② 研究期刊《图书馆和青年研究杂志》（The Journal of Research on Libraries and Young Adults）中专门探究图书馆和青少年的相关研究（包含网络素养），如 2019 年《公共图书馆的青少年数字素养的观点：为青少年服务的工作人员心声》（*Perspectives on Youth Data Literacy at the Public Library：Teen Services Staff Speak Out*）一文。③

其三，企业提供技术支持，进行内容审查。一是家长监管模式，即平台给予家长监管与控制孩子上网行为的权利或者提供内容过滤软件。例如在Youtube 等社交平台上，家长可以为未满 13 周岁的孩子设置受监管模式，限制孩子的使用时间以及开启过滤少儿不宜内容的受限模式。④ 家长也可以使用平台提供给父母、协助父母管理孩子上网行为和过滤不良内容的内容过滤软件，包括 CYBEsitter、WasteNoTime、Panda Dome、McAfee Safe Family、Family + 健康上网路由器等。⑤ 二是推出未成年人版应用。为了让未成年人拥有更安全与更好的网络体验，许多社交平台都推出了专门为未成年人设计的应用。例如，Youtube 推出了 Youtube Kids 应用，并为处于不同年龄层的儿童设计不同的视频内容；⑥ Facebook 也正在计划开发一款可供 13 岁儿童使用的 Instagram 应用。⑦ 三是设置年龄限制，即许多社交平台的注册门槛都

---

① Common Sense. https：//www. commonsense. org/.
② YALSA：Teen Literacies Toolkit. YALSA，https：//www. ala. org/yalsa/sites/ala. org. yalsa/files/content/TeenLiteraciesToolkit_WEB. pdf.
③ Leanne Bowler，Amelia Acker，Yu Chi. Perspectives on Youth Data Literacy at the Public Library：Teen Services Staff Speak Out. The journal of research on libraries and young adults. Volume 10 N. 2：July 2019. http：//www. yalsa. ala. org/jrlya/wp-content/uploads/2019/07/Bowler-Acker-Chi _ PerspectivesOnYouthDataLiteracy_FINAL. pdf.
④ 《家长监护对儿童账号的影响》，EA 协助中心，https：//help. ea. com/hk/help/account/online-access-for-child-accounts/。
⑤ iWIN 防护专区官网，https：//i. win. org. tw/protection. php？Target = 1。
⑥ 《与受监管账号有关的家长常见问题解答》，Youtube 帮助，[2021 - 09 - 17]，https：//support. google. com/youtube/answer/10315824？hl = zh - Hans.
⑦ Ryan Mac、Craig Silverman. Facebook Is Building an Instagram for Kids Under the Age of 13. BuzzFeed News，https：//www. buzzfeednews. com/article/ryanmac/facebook-instagram-for-children-under - 13.

有限制年龄，有效避免儿童接触到不适合其观看的内容。例如，未满 13 岁的儿童不能注册 Instagram、Facebook 等社交平台。Instagram 可以通过 AI 工具推测用户年龄，从而防止 13 岁以下的儿童注册。① 四是内容审查，即平台会对用户上传的内容进行审查，对令人引起不适的内容标注警告，对违反社区安全规范的内容予以删除，进行网络治理。② 以 Google 和 Facebook 为首的互联网企业在政策的指导下开展网络治理工作。2021 年 1 月，Facebook 表示可以通过后台 AI 系统精准识别 99% 的儿童性剥削内容并予以处理。③微软也表示会通过 PhotoDNA 检测儿童色情内容和其他非法内容，并将其交给执法单位处理。④ 自 Facebook 推行严格的内容审查机制以来，社区的不良信息基本都被清除了。

8.2　欧　　盟

欧洲在网络素养的理论建构上更多使用了"数字素养"概念，并且已经形成了相对成熟、指导欧洲多个国家实践的数字素养框架与指标体系。⑤

8.2.1　建立数字素养框架与指标体系

欧盟委员会在 2010 年数字素养框架基础上，于 2019 年更新了《公民数字素养框架（2.0）》（*DigComp* 2.0：*The Digital Competence Framework for Citizens*），突出了数字素养的 5 个关键：信息和数据素养（information and data literacy）、沟通与协作（communication and collaboration）、数字内容创作（digital content creation）、安全（safety）、解决问题能力（problem

---

① ③　MandyLi：《正视儿少网络安全！"儿童版 IG"成为 Instagram H1 优先开发任务》，2021 年 3 月 19 日，https：//www. inside. com. tw/article/22909 – facebook-instagram-for-children-under – 13。

②　高敬原：《删文也是大学问，Facebook 内容审查标准曝光》，数位时代（2017 – 05 – 22），https：//www. bnext. com. tw/article/44579/revealed-facebook-internal-rulebook-sex-terrorism-violence。

④　胡诗慧：《儿少网安危机立委、业界同关心》，2021 年 2 月 25 日，https：//tw. news. yahoo. com/兒少網安危機 – 立委 – 業界同關心 – 084703593. html。

⑤　高欣峰、陈丽：《信息素养、数字素养与网络素养使用语境分析——基于国内政府文件与国际组织报告的内容分析》，载于《现代远距离教育》2021 年第 2 期，第 70～80 页。

solving）。①

欧洲在未成年人网络素养的提高策略上主要是靠欧盟的网络安全计划来加强管理，欧盟分别在 1999 年、2005 年、2009 年实施第一个到第三个的网络安全计划。② 2006 年，欧盟把数字能力纳入终身学习的 8 项关键能力之一。③ 2012 年，欧盟推行 "为儿童打造更好的互联网环境" 的欧洲战略，旨在为儿童提供会更优质的内容，通过学校授课的方式提高学生的网络素养与安全意识，通过儿童隐私设置、家长控制模式、内容分级等措施以为儿童提供安全的上网环境，以及打击儿童色情内容。"④

2018 年，欧盟确定了第一个数字教育行动计划（2018～2020），主要内容涉及三个方面。其一，更好地利用数字技术进行教学，例如增加农村地区的数字资源分配、提供 ICT 技能自我评估工具、提供欧洲数字技能证书。其二，提高 ICT 技能，例如建立一个仅供欧盟国家使用的新平台以提供在线课程、虚拟校园、师生在线交流等服务，在学校开设编程课，开展提升老师、家长、青少年网络素养的教育活动，推行基于数字能力框架的网络安全教育计划。其三，通过数据分析优化教育系统，例如将 ICT 纳入主流教育评估之中，并根据统计数据来改善教育计划。⑤ 欧盟发布的 2.0 版本数字能力框架主要由信息和数据素养、数字交流协作能力、数字内容创作能力、数字安全意识、在数字环境中的问题解决能力五大部分组成。⑥ 2019 年 7 月，欧盟委员会主席提出需要在第一个数字教育计划的基础上制定新的行动计划。而后，欧盟在数字教育战略背景下提出《数字教育行动计划（2021～2027）》，表明要以促进

---

① OECD. Educating 21st Century Children：Emotional Well-being in the Digital Age. https：//www. oecd-ilibrary. org/sites/23ac808e-en/index. html？itemId = /content/component/23ac 808e-en.

② 王英、洪伟达、王政：《国外未成年人网络信息行为研究及启示》，载于《图书馆建设》2013 年第 9 期，第 90～94 页。

③ Recommendation of the European Parliament and of the Council. Official Journal of the European Union，https：//eur-lex. europa. eu/LexUriServ/LexUriServ. do？uri = OJ：L：2006：394：0010：0018：en：PDF.

④ Communication from the Commission to the European Parliament，the Council，the European Economic and Social Committee and the Committee of the Regions. European Strategy for a Better Internet for Children. 2012－05－02. https：//eur-lex. europa. eu/legal-content/EN/ALL/？uri = CELEX：52012DC0196.

⑤ Communication from the Commission to the European Parliament，the Council，the European Economic and Social Committee and the Committee of the Regions on the Digital Education Action Plan. EUR-Lex. 2018－01－17，https：//eur-lex. europa. eu/legal-content/EN/TXT/？uri = COM：2018：22：FIN.

⑥ The Digital Competence Framework 2. 0. An official website of the European Union. 2019－01－09. https：//ec. europa. eu/jrc/en/digcomp/digital-competence-framework.

高性能数字教育生态系统的发展及提高数字化转型的数字技能和能力为两个优先事项。相较于第一个计划，2021~2027 年的数字教育行动计划增加了一些新的措施，包括更新欧洲数字能力框架、改善网络素养教育、建立数字教育中心等。① 同时计划中显示，理事会通过了关于"欧洲教育和培训合作战略框架（2021~2030 年）"的决议，要求到 2030 年将 13~14 岁低水平计算机和信息素养的比例降低到 15% 以下。②

8.2.2　推行"网络安全计划"并完善网络素养内容

欧洲在未成年人网络素养的提高策略上主要是靠法律举措与明确监察机构的职责来加强管理。除了欧盟在其中贡献良多，各国也有适合各自国情的措施来提高未成年人的网络素养。

最初，欧盟对未成年人的数字保护体现在"净网"行动。欧盟从 1999 年开始实施第一个网络安全计划，2005 年实施第二个网络安全计划，2009 年起实施第三个网络安全计划。③ 欧盟的网络安全计划包括以下内容：（1）设置全国热线网络来打击非法和有害信息；（2）改善过滤软件以屏蔽有害信息；（3）汇聚政府和非政府的组织力量促进网络安全使用；（4）大规模组织网络安全认识活动。④ 在网络安全计划中，欧盟鼓励未成年人采取自我管理措施，同时，将更多的资金花费在公众对网络的认识中。⑤

8.3　英　　国

英国等欧洲国家的数字素养培养方式大体上和美国是一致的，都是由多

---

① Digital Education Action Plan（2021 – 2027）. An official website of the European Union（2021），https：//ec. europa. eu/education/education-in-the-eu/digital-education-action-plan_en.

② Digital Education Action Plan-Action 11. An official website of the European Union（2021），https：//ec. europa. eu/education/education-in-the-eu/digital-education-action-plan/action – 11_en.

③ 王英、洪伟达、王政：《国外未成年人网络信息行为研究及启示》，载于《图书馆建设》2013 年第 9 期，第 90~94 页。

④ Valcke M，Wever B D，Van Keer H，et al. Long-Term Study of Safe Internt Use of Young Children. Computer & Education，2011（57）：1292 – 1305.

⑤ 刘秀荣：《欧盟推新网络安全计划　确保未成年人上网更安全》，搜狐新闻网（2008 – 10 – 24），http：//news. sohu. com/20081024/n260217042. shtml.

个主体共同承担（官方的和非官方的），多元培养公民的数字素养。但在政府角色、教育系统培养方式和社会组织类型上看，英国模式与美国并不相同。[①] 欧洲各国在欧盟的网络素养框架下，又根据其各自的国情对未成年人的网络素养制定出不同的战略要求。

信息素养研究在英国有悠久的历史，1981 年牛津大学在一次国际会议上就针对不同教育阶段的学校图书馆机构用户进行信息检索能力的教育问题进行了探讨。在国家层面，英国制定了用于初等教育和中等教育阶段的信息素养教育课程标准，并将信息教育列为必修课，信息素养课程经历了独立、发展和改革，在各种社会组织、公共图书馆的支持服务下，逐渐形成完整的信息素养教育体系。[②]

8.3.1 将 ICT 纳入国家战略与教育改革核心

20 世纪 80 年代开始，信息与通信技术成为专门的课程并在中小学教育中普及，英国的基础教育信息化建设不断发展。1998 年，英国全面启动国家学习系统并建立英国教育传播与技术署。21 世纪后英国政府出台了一系列战略规划，深化教育信息化的建设与应用（见表 8 - 3 至表 8 - 5）。[③]

表 8 - 3　　　　　　　　　英国信息素养教育战略规划

时间	战略	机构	重点
2004 年	《关于孩子与学习者的五年战略规划》	英国教育与技能部	ICT 是教育改革的核心，应把学校、家庭、社区等各个环节都系统融入教育体系中
2005 年	信息化战略：《利用技术：改变学习及儿童服务》	英国教育与技能部	重点明确了为全体国民提供综合在线信息服务、为儿童及学习者个人提供综合在线支持、建立一套支持个性化学习活动的协作机制、为教育工作者提供优质 ICT 培训和支持、为教育机构领导者提供 ICT 领导力发展培训，建立共同数字基础设施体系

① 许欢、尚闻一：《美国、欧洲、日本、中国数字素养培养模式发展述评》，载于《图书情报工作》2017 年第 61 期，第 98～106 页。

② 冯瑞华：《发达国家信息素质教育的成功经验》，载于《继续教育研究》2008 年第 10 期。

③ 马宁、周鹏琴、谢敏漪：《英国基础教育信息化现状与启示》，载于《中国电化教育》2016 年第 9 期，第 30～37 页。

续表

时间	战略	机构	重点
2008 年	《利用技术：新一代学习（2008～2014 年）》	英国教育传播与技术署	确立下一阶段的核心战略目标，包括利用技术提供差异化课程；为学习者提供响应性评价；增强家庭、学校和学生间的联系等
2016 年	《教育部 2015～2020 战略规划：世界级教育和保健》	英国政府	制定未来五年的教育发展战略规划，大力推进 STEM 课程的开设率和质量

资料来源：根据英国政府官网 www.gov.uk 数据整理。

表 8－4　　　　　　　　　　英国信息素养教育相关法律法规

时间	法律	相关内容
1988 年	《1988 教育改革法》	制定全英统一的《国家课程》，在 5～16 岁的义务教育阶段，学习课程包含十门必修课，其中"技术"课程就包含了信息教育的目标
1997 年	《1997 年教育法》	对信息技术课程做出重大调整，将其独立设置，规定课程内容与课程目标
2003 年	《通信法》	要求英国通信管理局监控互联网的内容，并要求其履行在网络安全上向公众给予建议的责任
2020 年	《适龄设计规范》	旨在帮助确保儿童的网络数据得到保护，其中包含15 项网络服务需要遵循的标准，以规范平台遵守数据保护法规定的义务，保护儿童在线数据

资料来源：根据英国政府官网 www.legislation.gov.uk 数据整理。

表 8－5　　　　　　　　　　英国信息素养教育相关政策

时间	政策	机构	内容
2013 年	《计算学习项目》	英国教育部	所有学生都必须有机会深入了解信息技术和计算机科学的内容，帮助他们适应未来的学习和职业生涯
2019 年	《在学校教授在线安全》	英国教育部	教师必须引导学生正确评估在线内容，识别虚假信息及潜在风险，及时寻求外界帮助

资料来源：根据英国政府官网 www.gov.uk 数据整理。

8.3.2 强化中小学信息课程建设与教师能力培训

英国中小学有较好的基础网络环境，在网络基础设施方面，据英国教育供应商协会的统计，2009年英国所有中小学都接入了互联网；2011年78%的小学和90%的中学建设了无线网。2016年，英国教育大臣宣布英国将投入13亿英镑来升级、改造当前的网络，使得学习者在学校、家庭、城市、乡村随时随地均有网络可用。[①]

在硬件设施的强力支撑下，英国的信息化教学开展程度高。在英国的中小学，与课堂教学相关的技术设备得到广泛推广。截至2010年，90%的小学和88%的中学为教师提供台式电脑，89%的小学和75%的中学为教师提供笔记本电脑，100%的小学和86%的中学为教师提供了交互式电子白板。[②]

在数字教学资源和网络学习平台等软件设施方面，根据英国教育传播与技术局（BECTA）的统计，截至2010年67%的小学和93%的中学已经拥有学习平台，学习平台帮助整合学习服务，包括学习者管理、内容管理、课程计划、电子交互、协作工具等。[③] 由于英国的教学资源大多由专业公司或教育机构开发，英国政府还设立了电子化学习专项基金，鼓励学校购买教育资源。

英国基础教育阶段的信息课程发展经历了独立、发展和改革三个阶段，对信息技术课程的理解也随之不断深化。2000年，英国开始实施新的国家课程，课程名称由原来的信息技术改为信息与通信技术（ICT）。

随着对信息与通信技术的认识加深，2013年英国教育部将ICT课程改为Computing课程，以信息与通信技术内容为基础，加入计算机科学和数字素养的内容，将课程重心从应用能力转向操作思维培养。有学者根据《英国国家课程：计算学习项目》整理了现行的Computing课程，在学生不同阶段开展不同的教学内容（见表8-6），分学段的信息教育课程能极大帮助学生培养计算思维、创造力和信息素养，鼓励学生使用ICT表达自己的想法，成为数字社会的积极参与者。

---

① Department for Education. Nicky Morgan：BETT show 2016. https：//www. gov. uk/government/speeches/nickymorgan-bett-show-2016，2016-05-09.

②③ 马宁、周鹏琴、谢敏漪：《英国基础教育信息化现状与启示》，载于《中国电化教育》2016年第9期，第30~37页。

表 8 - 6　　　　　　　　　　不同关键阶段课程目标

关键阶段	年级	年龄（岁）	主要课程目标
KS1	1 ~ 2	5 ~ 7	掌握基本知识
KS2	3 ~ 6	7 ~ 11	进行简单操作
KS3	7 ~ 9	11 ~ 14	理解理论原理
KS4	10 ~ 11	14 ~ 16	解决实际问题

资料来源：王浩、胡国勇：《英国基础教育信息化课程研究：成效、问题及启示》，载于《外国中小学教育》2019 年第 12 期，第 69 ~ 76 页。

除信息技术外，英国还强调信息素养的信息甄别能力，英国教育部于 2019 年 6 月发布《在学校教授在线安全》，[①]规定从 2020 年 9 月起，教师必须引导学生正确评估在线内容、识别虚假信息及潜在风险、及时寻求外界帮助。

为有效提升未成年人的信息素养水平，英国政府重视教师的培训与发展。1998 年，英国颁布了《学科教学中应用 ICT 的教师能力培训计划》，该计划包括两部分，一为有效教学与评价方法，二为有关 ICT 知识、理解和能力的培训。[②] 1999 年英国开展了新机会基金项目，旨在帮助所有在职教师在学科教学中有效使用 ICT。2004 年，英国教育与技能部启动了手把手支持项目，通过可信的专业人士，为教师提供对等的指导和支持，极大地提升了教师的技术使用能力和信心。

8.3.3　组织面向师生开展技能教育和研究活动

图书馆是重要的公众信息素养教育机构。英国皇家特许图书情报职业者协会（CLIP）是世界上最早成立的图书馆专业组织之一，早在 2013 年就成立了信息素养小组（ILG），在中小学信息素养教育上拥有丰富的资源和经验。CLIP 的中小学信息素养教育具有内容多样化、合作对象多元

---

① Department of Education. Teaching Online Safety in School. https：//assets. publishing. service. gov. uk/government/uploads/system/uploads/attachment_data/file/811796/Teaching_online_safety_in_school. pdf.

② 于志涛：《英国 ICT 国家教育计划及其启示》，载于《中国远程教育》2006 年第 9 期，第 71 ~ 75 页。

化、组织专业化等鲜明特点，在英国未成年人信息素养教育中承担了重要职责。[①]

ILG 重视在信息素养教育中培养学生的研究思维。例如，免费向学生们提供 CLIP 与青少年科技计划合作研制的"智慧研究"资源表，帮助他们掌握信息和进行研究，该表单主要有十大板块，内容涵盖信息素养意识、信息道德意识、信息素养能力以及研究方法与工具。表单通过画册的形式，以轻松活泼的风格和简单易懂的语言向学生普及信息素养和研究方法，有助于促进中小学开展研究活动，锻炼学生"批判思考、公正判断，明智获取和表达观点"的能力。[②]

ILG 面向中小学生提供适应技能教育，这实际上属于信息素养教育中的衔接教育。CLIP 与学校图书馆员（Rebecca Jones 博士）合作，出版名为"适应技能"的资源列表。[③] 该列表整合了信息素养和学术素养的培训课程、文件和数据库等资源，还提供了一些学习适应技能的课程平台，帮助学生自主学习信息技能，适应未来的深造或是工作。

CLIP 开展多种研究项目活动，帮助培养学生的实践能力。CLIP 与在线研究资源门户网站 JSC 共同赞助、支持青少年科技计划，为 11～16 岁青少年颁发"研究与信息素养奖"，鼓励学生在研究活动中合理运用信息素养能力。

CLIP 还整合了多种面向教育者的教育技能培训，例如以教育学界知名理论为基础建立的一系列信息素养教育方法和模式;[④] 强化教学技能培训，提出卡迪夫大学的《信息素养教育手册》，除用于高等教育，同时也适用于中小学信息素养教育，帮助教育者设计丰富多彩的信息素养教学活动。此外，CLIP 通过开展信息素养研究项目，形成相应的研究报告，其中专门针对中小学信息素养教育的项目报告能为教育者开展教学活动提供参考。

"Journal of Information Literacy"（JIL）是 CLIP 出版的、可免费获取的具有较高影响力的国际期刊，JIL 在关于中小学、K – 12 教育、青少年等相

---

①② 石乐怡、赵洋:《CILIP 开展的中小学信息素养教育实践研究》，载于《图书馆建设》2020 年第 4 期，第 44～53 页。

③ ILG. Transition Skills. https：//infolit. org. uk/wp-content/uploads/2017/08/transition _ skills-FI-NAL. pdf.

④ ILG. Pedagogic Theory. https：//infolit. org. uk/teaching/developing-your-teaching/pedagogic-theo-ry/.

关主体的信息素养教育方面收录的内容非常广泛。LILAC 是由 CLIP 主办的涵盖信息素养各方面的年度会议，信息从业人员以会议的方式交流新的想法、创新的教学技术或是发表启发性的演讲。近年来 LILAC 的会议成果包括面向青少年的信息素养教育，比如 2015 年的会议主题之一 "18 岁以下的信息素养教育"。在 2019 年的会议演讲中，还有学者探讨了学校图书馆员如何与教师合作开展信息素养教育。① 通过出版期刊推广研究成果，举办会议共享信息素养经验，为未成年人信息素养培育提供支持。

8.4　荷　兰

2010 年荷兰新政府当选，面对国际学生评估项目 PISA 报告所显示的荷兰日益降低的教育质量，为实现建设世界前五的知识驱动经济体系，荷兰新政府在 2011 年起开展《数字议程》国家战略，决定借助信息通信技术大力发展教育信息化。荷兰的信息素养教育重视社会组织的力量，并强调对老师和对教育实施效果的监测与评估。

8.4.1　以国家战略推进中小学数字教育

在国家战略层面，荷兰 2011 年到 2015 年设置了《数字议程战略》，计划，更明智地利用信息通信技术推动增长和繁荣，促进创新和经济增长。2011 年荷兰发布《国家网络安全战略》，2013 年发布《国家网络安全战略2》，将协调网络人才的供需、提高信息通信教育的广度与深度纳入国家战略。2020 年，荷兰提出《荷兰数字化战略：为荷兰的数字化未来做好准备》，其中数字素养被列入初等教育和中等教育的学习领域之一，并被置于首要位置（见表 8-7）。②

---

① LILAC 2019 Presentations. https：//www.lilacconference.com/lilac-archive/lilac-2019-1#key-notespeakers.

② 梅丽莎·海瑟薇、弗朗西斯卡·斯派德里：《荷兰网络就绪度一览》，载于《信息安全与通信保密》2017 年第 12 期，第 71~110 页。

表 8 - 7 荷兰信息通信技术相关战略

发布时间	名称	内容
2011 年	《数字议程战略》	明确信息通信技术对国家经济增长、国际地位等方面的重要性
2011 年	《国家网络安全战略》	承认"安全可靠的信息通信技术"是荷兰社会"繁荣和福祉"的基础
2013 年	《国家网络安全战略 2》	协调网络人才的供需，提高信息通信教育的广度和深度
2020 年	《荷兰数字化战略：为荷兰的数字化未来做好准备》	荷兰初等教育和中等教育将数字素养列入学校教育的学习领域之一，将发展学生数字素养和实践技能置于重要位置

资料来源：根据荷兰政府官网 www. government. nl 文件整理。

8.4.2 良好的网络基础设施和管理制度

在推进信息素养教育方面，荷兰有优良的网络基础设施根基。早在 20 世纪 90 年代初，荷兰建立了阿姆斯特丹互联网交换中心（AMS-IX）这一非营利、中立且独立互联的组织，阿姆斯特丹互联网交换中心通过向互联网服务提供商（ISPs）、国际运营商、移动运营商、内容提供商、网络主机和云服务提供商、应用提供商、电视广播公司、游戏公司以及其他相关公司提供专业互联服务，连接了 800 多个通信网络。现在，荷兰已经成为全球连接程度最高的 10 个国家之一。截至 2017 年，它的互联网普及率超过 93%，超过 95% 的家庭接入了互联网。[①]

根据 2012 年欧洲学校联盟和列日大学发布的报告，将近 90% 的职业教育和几乎所有的中小学在教学中都配备电子白板，校内学生配备笔记本电脑的比率约为 5∶1，无线网络和光纤已经逐渐成为中学和职业学校的标准配置，在当时欧洲国家的 ICT 基础设施水平中名列前位。75% 以上的教师在教学中会使用电脑等设备，67% 以上的教师认为他们已经掌握了充足的 ICT 技能以提升他们的教学质量，丰富了教学方式。[②]

---

① 梅丽莎·海瑟薇、弗朗西斯卡·斯派德里：《荷兰网络就绪度一览》，载于《信息安全与通信保密》2017 年第 12 期，第 71 ~ 110 页。

② European schoolnet, Liege University：Survey of schools 2012：ICT in education country profile：Netherlands. https://ec. europa. eu/information_society/newsroom/image/document/2018 - 3/netherlands_country_profile_2FE28D05 - 0DDC - 4AEB - 3400625E40C86921_49448. pdf.

在学校内部，学校管理者和老师们在教学愿景上很大程度保持一致，例如他们都认为 ICT 将在未来三年时间内成为课堂中更重要的元素。80% 以上的学校制定了与 ICT 相关的计划，一半的学校已经在实施进行中。

国家层面，荷兰教育被教育文化科学部管辖，地方政府作用微乎其微。市政府经营公共学校，并促进学校与其他青少年服务机构的合作。荷兰教育监察局监管教育质量，每年派遣 200 余名检察员去各地学校进行 10 000 余次访问，检查这些学校有无遵守法定义务和愿景计划，监察局每年提交 25 项调研报告。

8.4.3　社会力量支持学校实施 ICT 教育

荷兰基础教育制度的一个特点是教育自由，即学校创立自由，学校教学组织自由，学校所依据的基础原则制定自由。荷兰的基础教育包括小学教育（8 年制）与中等教育（3 种不同类型：大学预科、普通中学、中等职业教育）。

整体上，荷兰学校没有具体的 ICT 课程，而是将 ICT 教育融入课程之中，中小学 ICT 与教育的整合大多需要来自教育部资助的一些社会组织，比如 Kennisnet 基金会等。Kennisnet 基金会是荷兰最大的支持中小学实施 ICT 的组织，是由教育部资助的一个公共教育组织，其活动与国家教育机构和行业组织协调，[①] 用于支持和鼓励荷兰的初级、中等和职业教育有效利用 ICT，实施教育信息化。

荷兰教育部不认为 ICT 是单独的政策，支持每年 ICT 具体的国家项目计划，例如媒介素养、数字学习材料的普及率、教师学习平台的使用、数字学习环境建设、创新实践等项目。Kennisnet 基金会、Surf 基金会，国家教育中心等机构为学校发展制定政策、计划和项目。这些 ICT 计划聚焦三个方面：教师的职业发展、学校的信息化程度、数字学习资源的最佳使用方式。

荷兰各地（如海牙、代尔夫特）的中小学通过问卷调查的方式或是根据自身学校发展情况，整合现有课程与当下课程所缺乏的数字素养内容，定制适宜的课程。荷兰的"龙之三角洲"（Delta de Dragon）课程是一套完整的小学阶段 1～8 年级的数字素养课程，涵盖基本的 ICT 技能（实用的计

---

① WP3. Formal Media Education. http：//www. gabinetecomunicacionyeducacion. com/sites/default/files/field/investigacion-adjuntos/netherlandsd. pdf.

算机技能和知识)、计算思维(数字原理、结构和逻辑)、信息素养(有针对性、有效地获得可靠信息)和媒体素养(安全、社交和批判的态度),并且为教师提供关于核心内容的详细课程目标和教学指导建议。

在高等教育方面,截至 2014 年,6 个国家 26 所大学共开设 36 门信息素养慕课,其中荷兰海牙正义研究所开设慕课《公众隐私:电子网络安全和人权》。

一些网站也承担着为基础教育提供数字学习材料的任务,例如 Wikiwijs 网站,该平台的服务对象是荷兰的所有教师,通过开放大量的数字教育资源,[①] 帮助教师提高教学质量,促进教研创新。

8.4.4　制定教师素养框架并监控教育信息化实施

荷兰法律明确规定了老师应掌握的必要技能,此外,学校董事会也要对教师表现进行年度评估。2012 年,Kennisnet 基金会就提出了教师的 IT 素养框架,包括设备、软件、应用的使用能力;数字通信工具使用能力;社交网络参与能力;搜寻、评估和处理信息的能力。[②] 该框架此后不断完善发展。

在教师信息素养培训方面,2016 年,荷兰教师培训协会重新修订了教师培训的知识库,强调了教师培训中 ICT 内容的重要性;荷兰商业培训机构(NCOI)为中小学教师提供了媒体素养的培训课程,旨在让接受培训的教师学习如何指导学生安全地使用各种媒体,查找信息并评估其来源的可靠性,使用网站或应用程序进行交流。[③]

在荷兰,监控 ICT 在教育领域的实施效果被认为是非常重要的,其指导监控的框架来自"四平衡模型"。"四平衡模型"的基本要素是每个教育机构成功实施 ICT 的前提,具体包括愿景、专业技能、内容和应用程序、基础设施四个要素。领导层的领导力是 ICT 实施的必要条件,领导力促进四要素间的联系,通过领导层的正确决策以及参与机构内外的合作来保证要素之间

---

① Jan-Bart deVreede. WIKIWIJS:The Dutch National OER Strategy. https://upload. wikimedia. org/wikipedia/commons/9/9a/Wikiwijs_-_The_Dutch_National_OER_Strategy. pdf.

② Kennisnet. IT competency framework for teachers 2012. https://www. yumpu. com/en/document/read/8273565/2 - it-competency-framework-for-teachers-kennisnet.

③ 魏小梅:《荷兰中小学生数字素养学习框架与实施路径》,载于《比较教育研究》2020 年第 12 期。

的平衡协调。①

Kennisnet 基金会每年会对"四平衡模型"实施监控，通过对教育信息化的数据进行收集和分析，再以年度报告的形式向公众反映 ICT 实施情况，给教育部门和学校提供建议，给教学过程中 ICT 的使用提供标准和评估框架。②

8.5　德　国

德国未成年人网络素养的培养在各个层面上有不同的举措。2018 年国际计算机和信息素养研究（ICILS）显示，德国八年级学生的平均得分高于计算机和信息素养的国际平均水平，德国在参加计算机和信息素养评估的 14 个国家中排名第六。③ 根据德国互联网信任与安全研究所的一项调查，在德国每 10 个三岁儿童当中就有一个已经开始接触互联网，6 岁儿童的上网比例为 28%，8 岁孩子当中更是超过一半，达 55%。其中有 37% 的儿童每周多次甚至是天天上网。3 ~ 8 岁的德国儿童中，经常上网者多达 120 万，占到了这个年龄段全部儿童的三分之一。④ 德国儿童上网的低龄化以及对网络的依赖引起了德国社会各界的重视。

8.5.1　建立数字素养框架

首先，德国拟定了《德国学生数字素养框架》，以该框架为核心依据，各州教育部正在参考数字素养框架，对教学大纲和教育标准进行适时调整，在中小学所有学科教学中开展数字素养的培养。《德国学生数字素养框架》中的第四章强调"安全与保护"，内容包括培养学生了解和反思数

---

① Kennisnet. Four in Balance Monitor 2013. https：//www. kennisnet. nl/fileadmin/kennisnet/publi-catie/vierinbalans/Four_in_balance_Monitor_2013. pdf.

② 肖君、李雪娇：《ICT 与教育平衡下的荷兰基础教育信息化》，载于《中国电化教育》2017 年第 3 期，第 44 ~ 49 页，第 57 页。

③ Science & Engineering Indicators：Elementary and Secondary STEM Education，2018，https：// ncses. nsf. gov/pubs/nsb20211/student-learning-in-mathematics-and-science # international-comparisons-of-computer-science-performance.

④ 薛成俊：《德国八岁儿童上网率超过一半　小网民越来越多引担忧》，手机央广网（2015 - 06 - 26），http：//m. cnr. cn/news/20150626/t20150626_518970568. html.

字环境风险的能力、保护个人数据和私人领域的意识以及避免网络成瘾等潜在危害的意识。其次，强化教育信息化建设——2019 年德国联邦政府正式启动《学校数字协定》，预计未来五年联邦政府将每年投入 5 亿欧元用于学校信息化平台建设，各州促进学校教育信息化建设的政策措施也在陆续出台；德国启动由联邦政府投资支持各州数字教育基础设施建设的"数字集成学校"项目，联邦政府为此投入 50 亿欧元，联邦各州至少投入 5 亿欧元。① 最后，明确教育战略规划，2016 年 3 月德国联邦经济和能源部发布"数字化战略 2025"，提出"在人生各个阶段实现数据化教育"。

8.5.2 开展 MINT 教育

在德国，MINT 是 STEM 的同义词。德国于 2017 年启动了"学校云"项目为 MINT 的发展提供基于云端的学习支持体系，并依托强大的工业反哺，通过参与大学实验项目、进入企业体验学习等方式，让儿童和青少年在解决具体问题的过程中对相关职业建立更加深入的了解。② 德国一些院校为学生开设了致力于提升其网络素养的课程，主要内容包括媒体素养（media competence）、网络隐私（online privacy）和相关的伦理课程。③ 德国柏林媒体设计学院国际学院院长、媒体设计学院附属高中校董马丁·亚当表示，"很多时候学生根本没有意识到自己的信息被暴露了，或者认为自己的个人信息不重要。使用浏览器或下载软件时也不仔细阅读隐私条款和开放权限的说明就点击了同意。我们希望通过开设这些主题的课程，提高学生的敏感度，在网上发布信息时更加谨慎，更好地保护自己的隐私。"④

8.5.3 提供网络素养宣教资源

德国多通过建设网站提供教育资源，以德国政府主导，与机构、企业合作的"儿童网络项目"已设置近 100 个适合 8 ~ 12 岁儿童的网站，专门打

---

① 徐斌艳：《德国青少年数字素养的框架与实践》，载于《比较教育学报》2020 年第 5 期，第 76 ~ 87 页。

② 《各国出台国家数字化发展战略，全球"数字化"教育在行动》，腾讯网（2019 - 11 - 18），https：//new. qq. com/omn/20191118/20191118A0FJSN00. html。

③④ 王伊鸣：《德国柏林媒体设计学院教授：加强未成年人网络素养教育至关重要》，中国网（2019 - 10 - 23），http：//news. china. com. cn/txt/2019 - 10/23/content_75331136. htm。

造儿童网络供儿童进行网络社交、搜索、学习、游戏等。① 同时也可以使用经过认证的"青少年保护软件"来防止儿童访问提供有害内容的网站。② 社会组织也有出版专业出版物，为教师提供教材，如德国联邦教育媒体协会（Verband Bildungsmedien）下的教育媒体出版机构开发的大量数字媒体为教师提取使用并创造性地再开发专业素材提供便利。③

8.6　澳大利亚

据美国皮尤研究中心（Pew Research Center）统计，2016 年澳大利亚互联网普及率达 93%，仅次于韩国的 96%，居世界第二。④ 2018 年 10 月，澳大利亚统计局（Australian Bureau of Statistics）公布的"互联网活动调查"（Internet Activity Survey）显示，截至 2018 年 6 月，澳大利亚互联网用户达 1 470 万。⑤ 澳大利亚作为一直以来关注科技创新的国家，在培养学生数字素养方面做出了持续努力。进入 2000 年后，澳大利亚教育部为了提高年轻人的信息通信技术能力，一些关注中小学生数字素养培养的政策开始出现，在接下来的十多年持续关注对学生数字素养的培养。但澳大利亚全球创新指数的下降引起了澳大利亚政府的重视，⑥ 在此背景下，澳大利亚在各个层面开展了提高未成年人网络素养的举措。

---

① 青木：《德国：斥资打造"儿童网络"》，载于《医药前沿》2013 年第 10 期，第 73 页。
② Communication from the Commission to the European Parliament，the Council，the European Economic and Social Committee and the Committee of the Regions，European Strategy for a Better Internet for Children （2012 - 05 - 02）. https：//eur-lex. europa. eu/legal-content/EN/ALL/? uri = CELEX：52012DC0196.
③ 徐斌艳：《德国青少年数字素养的框架与实践》，载于《比较教育学报》2020 年第 5 期，第 76 ~ 87 页。
④ Poushter J，Bishop C，Chwe H Y. Social Media Use Continues to Rise in Developing Countries but Plateaus Across Developed Ones. http：//www. pewglobal. org/2018/06/19/social-media-use-continues-to-rise-in-developing-countries-but-plateaus-across-developed-ones/.
⑤ Internet Activity，Australia，June 2018. http：//www. abs. gov. au/ausstats/abs @ . nsf/0/00FD2E732C939C06CA257E19000FB410？ Opendocument.
⑥ 徐田子、夏惠贤：《从危机应对到战略规划——澳大利亚 STEM 教育政策述评》，载于《外国中小学教育》2018 年第 6 期，第 16 ~ 29 页。

8.6.1 明确网络素养教育体系

自 1999 年起，澳大利亚建立了未成年人网络素养教育的课程体系，包括师资培养体系、评估体系以及基础设施等。澳大利亚政府较早地意识到网络素养教育的重大意义，政策实施偏向于强化公民对数字素养重要性的认识以及计算机等硬件的完善，不断扩大中小学生接受数字素养教育的机会。1999 年的《阿德莱德宣言：21 世纪的学校教育国家目标》（*Adelaide Declaration on National Education Goals for Schooling in the 21st Century*）强调了信息通信技术（ICT）的重要性。2000 年，就业、教育、培训与青年事务部长理事会（Ministerial Council for Employment, Education, Training and Youth Affairs, MCEETYA）颁布的《网络世界中的学习：信息经济下的学校教育行动计划》（*Learning in an Online World: The School Education Action Plan for the Information Economy*）提出了发展数字素养的国家总体框架，愿景为在教学和学习中通过 ICT 提高学生成绩，确保对基础设施、课程产品等资源的有效投资，能够根据教育目标推动技术的选择和使用等。所有学生都将获得信息经济时代所需的与就业相关的技能，并且逐渐使 ICT 行业就业途径多样化。2005 年的全国评估项目（National Assessment Program-ICT Literacy, NAP-ICT）正式发布针对 ICT 素养的评估项目，建立起 ICT 素养的评估体系。

而后，澳大利亚政府连续颁布的政策通过不断完善基础设施的方式来提高对新兴技术的支持和运用。2008 年的《墨尔本宣言：澳大利亚青年教育目标》（*Melbourne Declaration on Educational Goals for Young Australians*）明确了新阶段的数字素养教育目标，即强调教育的公平和卓越，通过高质量的学校教育促进成功的学习者的培养以及自信而具有创造力的个人的发展。而2008 年的"数字教育革命"（Digital Education Revolution）① 项目的目标便是为中小学教学和学习带来持续而有效的改变，促进基础教育质量的提高，在数字教育资源配置、设施建设、课程设计以及教师培养等方面进行尝试。同年的"互联网安全计划"耗资 8 200 万澳元，其中一项是通过强制过滤器软件，阻止互联网服务提供商下载非法的信息，如儿童色情和恐怖主义的内

---

① 吴玥：《澳大利亚中小学 ICT 素养课程研究》，载于《世界教育信息》2020 年第 8 期，第 64 ~ 70 页。

容等。①

澳大利亚政府自 2015 年起的政策逐渐偏向教育体系改革，建立网络素养的教育体系。2015 年，《澳大利亚国家创新和科学议程》（*National Innovation and Science Agenda for Australia*）重点关注四个支柱：文化与资本、合作、人才和技能、政府实施创新措施。其中，人才和技能方面指出要"提高澳大利亚所有人数字素养与 STEM 素养"计划，并提出"数字奖助金计划"（Digital Literacy Grant），以奖助金的形式鼓励和促进新的澳大利亚课程——数字技术的实施。同年，通过并开始实施《澳大利亚课程纲要（4.0版）》，将"数字技术"列为澳大利亚从基础年级到十年级的八个学习领域之一。

2017 年，《澳大利亚 2030：通过创新实现繁荣》（*Australia 2030：Prosperity through Innovation*）提出了 30 项建议，其中教育相关战略旨在让所有澳大利亚公民学习相关技能（如 STEM 技能、问题解决、数字技能、创造性思维等 21 世纪技能）以应对不断变化的职业（见表 8 – 8）。

表 8 – 8　　　　　　　　澳大利亚未成年人网络素养相关政策

时间	发布机构	文件名称	内容
1999 年	教育、就业、培训与青年事务部长委员会	《阿德莱德宣言：21世纪的学校教育国家目标》	强调了信息通信技术（ICT）的重要性，指出"当学生离开学校时，他们应当能够自信、创新并有效地使用新技术，尤其是 ICT，同时能够理解这些技术对社会带来的影响"
2000 年	就业、教育、培训与青年事务部长理事会	《网络世界中的学习：信息经济下的学校教育行动计划》	确定发展数字素养的国家总体框架，提出在教学和学习中通过 ICT 提高学生成绩，确保对基础设施、课程产品等资源的有效投资，能够根据教育目标推动技术的选择和使用
2005 年	澳大利亚课程、评估与报告委员会	全国评估项目	正式发布针对 ICT 素养的评估项目，并于同年开展第一轮的测试，其后每三年进行一次

① 陈效卫：《人民日报：澳大利亚多举措保护儿童上网安全》，百度网（2020 – 02 – 25），https：//baijiahao. baidu. com/s？ id = 1659489305809928804&wfr = spider&for = pc。

续表

时间	发布机构	文件名称	内容
2008 年	澳大利亚政府	《墨尔本宣言：澳大利亚青年教育目标》	明确了新阶段的数字素养教育目标，一是完善中小学计算机等设施配置，强调将 ICT 尽快地融入中小学教学与学习中，实现高中（九至十二年级）学生都拥有一台属于自己的电脑的目标；二是在数字素养和人才培养方面，通过完善学校互联网设施，确保师生都能顺利进行数字资源和在线活动的访问和使用
2008 年	澳大利亚政府	"数字教育革命"项目	陆克文政府投入 21 亿澳元开展为期 6 年的"数字教育革命"，旨在从计算机软件资源配置、学校基础设施建设、教师专业发展以及数字化资源多方面入手，为学生充分利用新技术创造便利条件
2008 年	澳大利亚政府	"互联网安全计划"	通过强制过滤器软件，阻止互联网服务提供商下载非法信息，如儿童色情和恐怖主义的内容
2015 年	澳大利亚政府	《澳大利亚课程纲要（4.0 版)》	将"数字技术"列为澳大利亚从基础年级到十年级的八个学习领域之一
2015 年	澳大利亚教育与培训部	《澳大利亚国家创新和科学议程》	重点关注四个支柱：文化与资本、合作、人才和技能、政府实施创新措施。其中，人才和技能方面提出，计划投入 5 100 万澳元为五年级和七年级的学生提供在线学习编程的机会，并通过在线学习活动和专家指导为中小学教师实施"数字化技术"（Digital Technologies）这一国家课程提供支持。提出"数字奖助金计划"（Digital Literacy Grant），以奖助金的形式鼓励和促进新的澳大利亚课程——数字技术的实施
2015 年	澳大利亚政府	《国家 STEM 学校教育策略（2016～2026 年)》	进一步明确了学校层面的 STEM 教育目标与具体行动，展示了澳大利亚国家层面重新关注 STEM 学校教育的决心
2017 年	澳大利亚政府	《澳大利亚 2030：通过创新实现繁荣》	该计划提出了 30 项建议，其中教育相关战略旨在让所有澳大利亚公民学习相关技能（如 STEM 技能、问题解决、数字技能、创造性思维等 21 世纪技能）以应对不断变化的职业

资料来源：根据澳大利亚政府官网文件整理。

8.6.2　建立网络素养课程体系

"ICT 能力"和"数字技术"成为提高数字素养的主要课程。"ICT 能力"课程于 2012 年发布，该课程将 ICT 视为一种多学科交叉的能力范畴，包含着多且广的相互关联、相互交叉的各要素，这些要素不仅涵盖了怎样高效、适时地利用 ICT 获取、创造和相互交流信息、启迪思想，还能够有助于学生在学校学习和校外生活中学会解决问题与合作。"ICT 能力"课程内容包括学习如何最大限度地利用数字技术，以及随着技术的发展人们该怎样适应新生活并在数字环境中如何对自己和他人可能遇到的风险进行把控。该课程内容包含以下要素：合乎伦理道德地应用 ICT、运用 ICT 进行调查、创造、交流以及管理和操作 ICT。① 详见图 8 - 1。

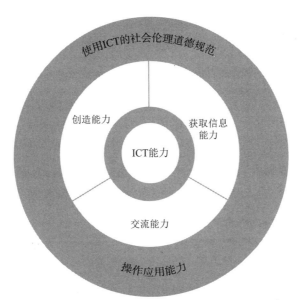

图 8 - 1　澳大利亚通用能力中 ICT 能力的组成要素

资料来源：Australian Curriculum. Information and Communication Technology（ICT）Capability（Version8. 4）. https：//www. australiancurriculum. edu. au/f - 10 - curriculum/general-capabilities/information-and-communication-technology-ict-capability/.

"数字技术"课程在 2015 年发布，该课程的目标是发展学生的知识、

---

① 陈莉、谢惜珍、盛瑶：《澳大利亚 NAP-ICTL 测评项目分析及启示》，载于《中国教育信息化》2021 年第 12 期，第 22 ~ 27 页。

理解和技能，以确保学生能自主学习和合作。"数字技术"课程分为两个部分：知识与理解、过程和生产技能。"数字技术"不仅是澳大利亚培养学生 ICT 素养的基础课程，其内容也被列入国家级学生 ICT 素养测评项目 NAPI-CTL 中进行考察。在九年级和十年级，"数字技术"课程将作为选修课程，因此在低年级中，尤其是在七年级和八年级的"数字技术"课程中，教师需要保持对 ICT 使用的敏感性和积极性，努力为学生创造将 ICT 应用于各个领域的机会。

两门科目的内容结构又根据知识类型的不同划分为"知识和理解"（knowledge and understanding）以及"过程和制作技能"（processes and production skills）两大类。①

除了数字素养教育，在各级政府及社会力量的支持下，目前网络安全教育在澳大利亚正逐步融入课程。以新南威尔士州为例——该州的数字公民教育一直走在前列，新南威尔士州课程与学习创新中心（Curriculum and Learning Innovation Centre）与数字教育革命团队（Digital Education Revolution Team）合作为中小学生开发了一套以网络安全为重点内容的数字公民教育课程，并于 2010 年开始在新南威尔士州多所学校试用。该课程在小学按照如下三阶段推进：一是分享前的注意事项、分享内容思考及网络安全警示；二是网络安全、网络欺凌及网络追踪；三是网络审查、网络版权以及浏览痕迹。以连续性为原则，该课程内容在中学阶段逐步推进到更高阶段。②

为了提高教师的网络素养，不少课程为教师提供专业学习模块。如"实践中的科学"（science by doing）项目为中学科学教师提供专业学习模块，并为 7～10 岁学生提供在线科学课程资源；"通过探究的方式解决数学问题"（resolve：mathematics by inquiry）项目为数学教师提供大量教学资源，同时培养教师的专业能力，使教师掌握并运用探究式的教学方式来教授 F－10 数学课程；"数字技术慕课"（digital technologies massive open online courses）通过线上课程使教师的信息通信技术（ICT）素养得到提升。此外，"学校 STEM 专业人员"（STEM professionals in schools）项目通过使 STEM 专业人员与学校之间建立合作来促进学生提升在现实生活中应用

①　吴玥：《澳大利亚中小学 ICT 素养课程研究》，载于《世界教育信息》2020 年第 8 期，第 64～70 页。

②　周小李、王方舟：《数字公民教育：亚太地区的政策与实践》，载于《比较教育研究》2019 年第 8 期，第 3～10 页。

STEM 的能力。[①]

同时，通过技术手段来协助达到网络安全教育的目的，如通过对社交网站、搜索引擎和在线游戏进行特别的功能设置，以屏蔽或过滤恶意软件或不良信息，或对未成年人网络在线活动予以保护性的技术限制。

8.6.3   完善信息化能力评估体系

学生 ICT 素养测评项目 NAP-ICTL 于 2005 年首次开展，但经十几年的发展在不断完善。例如，将框架内的"获取信息"和"评估信息"这两个过程整合在一起，以便更好地符合"ICT 能力"课程中的"用 ICT 进行调查"的核心素养。NAP-ICTL 在澳大利亚政策的宏观调控下，由国家、教育部门、学校和教师、家长一起合作完成。

NAP-ICTL 中衡量 ICT 素养的基本理念仍然保持不变。NAP-ICTL 中定义了六个熟练水平，根据三大核心要素组织（即处理信息、创造和分享信息以及负责任地使用 ICT），依据不同要求按学生表现划分等级。测评内容以 NAP-ICTL 框架为重点参考，通过模块化设计的形式进行测评。模块并不都是新设计的，也会借用之前测评周期的模块作为测评内容。学生以在线操作的方式完成并提交模块，之后还需完成一项调查问卷，至此学生结束测评，测评流程见表 8 - 9。

表 8 - 9   NAP-ICTL 测评流程

流程	内容	细项		完成时间
1	熟悉网上测评环境	完成引导性教程，包括系统介绍以及熟悉练习题的操作过程		10 分钟
2	完成模块	四个模块	动画视频、幻灯片、移动技术、朋友的计算机	题型：多选题、简答题和软件应用题	每模块 20 分钟
		三个新增	可接受的使用协议、诗歌与图片、学校网站（仅供十年级学生测评使用）		

---

① 乐欣瑜、董丽丽：《澳大利亚中小学 STEM 教育的举措与展望》，载于《世界教育信息》2020 年第 10 期，第 66 ~ 71 页。

续表

流程	内容	细项	完成时间
3	完成问卷调查	测试结束后在计算机上完成问卷调查,内容包括学生使用 ICT 的经历、频率及态度	无严格的时间限制,约 20 分钟

资料来源:陈莉、谢惜珍、盛瑶:《澳大利亚 NAP-ICTL 测评项目分析及启示》,载于《中国教育信息化》2021 年第 12 期,第 22~27 页。

此外,澳大利亚的网络安全教育项目也担负着评估的职能,如"网络机智项目"的主要研究工作就是对教师、学生及家长的数字媒体素养进行调查和评估,并对最出色的实践经验予以整理和推广。[①]

8.7 新 加 坡

新加坡是全球公民信息素养教育的后起之秀,新加坡国民的数字竞争力在国际上受到较高认可。新加坡政府在 2014 年提出了"智慧国家 2025"发展战略,[②] 对公民信息素养能力提出了更高的要求。新加坡信息及通信部在 2019 年推出了首个全国性的信息素养框架"数字媒介与信息素养框架",[③] 改变了新加坡现有信息素养框架仅适于教育领域的局限性,使得新加坡在信息素养标准建设上又前进一步。

新加坡资讯通信媒体发展局(IMDA)发布的《2019 年家庭和个人信息通信使用年度调查》显示,[④] 2019 年新加坡凡有学龄儿童的家庭均可以访问互联网,80% 的 7 岁以下儿童已经使用了互联网,新加坡国民整体的基础网络环境较完备。

---

① 周小李、王方舟:《数字公民教育:亚太地区的政策与实践》,载于《比较教育研究》2019 年第 8 期,第 3~10 页。

② 沈霄、王国华:《基于整体性政府视角的新加坡"智慧国"建设研究》,载于《情报杂志》2018 年第 11 期,第 69~75 页。

③ Ministry of Communications and Information. Digital Media and Information Literacy Framewor. https://www. mci. gov. sg /literacy /library /programme-owner.

④ Infocomm Media Development Authority. Annual Survey on Infocomm Usage in Households and by Individuals for 2019. https://www. imda. gov. sg/ - /m edia/Imda/Files/Infocomm-Media-Landscape/Research-and-Statistics/Survey-Report/ 2019 - HH-Public-Report_09032020. pdf.

8.7.1　积极推动网络素养教育

新加坡在网络素养教育方面有独特的运行机制，其主要特征是"政府协调、公益资助、商业运作"。实施网络素养教育的部门有教育部、新闻通讯部和艺术部等。① 政府主要作为协调者，在宏观层面予以指导，提供政策支持。1997 年新加坡教育部出台的三个文件为新加坡中小学信息素养教育提供了框架指导和实践示范，随着信息素养教育实践的不断深入，新加坡为信息素养教育提供的政策支持逐渐覆盖全体公民，更加全面有力（见表 8 – 10）。②

表 8 – 10　　　　　　　　新加坡公民信息素养相关文件

时间	发布机构	文件名称	相关内容
1997 年	新加坡教育部	《信息素养指南》《信息素养补充材料》《广泛阅读与信息素养课程》	教学设计：针对中小学生提供信息素养课程建议、评估标准、范例教案等
2008 年	新加坡教育部	《中小学英文语言教学大纲》	针对中小学生，包含了听、说、读、写、表达等方面的媒介与信息素养技能
2009 年	新加坡国立教育学院	《21 世纪师范教育模型》	技能掌握：21 世纪学生需要掌握知识、信息、媒介与技术素养能力
2010 年	新加坡教育部	《21 世纪能力框架》	将包含信息素养技能在内的"信息和沟通技能"列为 21 世纪学生必备的三大核心技能之一
2018 年	智慧国家和数字政府办公室	《智慧国家：前进之路行政摘要》	新加坡政府将提高包括信息素养在内的公民数字素养，帮助公民拥抱数字国家带来的机遇和便利
2018 年	智慧国家和数字政府办公室	《数字政府蓝图》	到 2023 年，公职人员必须具备基本的数字素养

---

① 杜智涛、刘琼、俞点：《未成年人网络保护的规制体系：全球视野与国际比较》，载于《青年探索》2019 年第 4 期，第 17～30 页。

② 陈珑绮：《新加坡公众信息素养教育实践研究》，载于《图书馆学研究》2021 年第 6 期，第 65～74 页。

时间	发布机构	文件名称	相关内容
2018 年	新加坡信息及通信部	《数码能力蓝图》	加强媒介与信息素养以应对网络虚假新闻

资料来源：根据新加坡政府官网文件整理。

此外，新加坡还设立了专门的网络安全管理机构，新加坡网络安全局（CSA）成立于 2015 年，它是总理办公室的一部分，由新加坡通信和信息部管理。近年来该部门推出了一系列提升青年人网络安全素养、网络安全意识的项目计划。这些网络安全方面的项目自实施以来受到广泛关注，极大提升了参与项目学生的网络安全素养，为他们提供未来学习工作的技能与方向，同时为新加坡网络安全提供人才储备（见表 8 – 11）。

表 8 – 11　　　　　　CSA 主办的网络安全素养项目

时间	主办与合作机构	项目名称	内容
2015 年	CSA 与教育部以及新加坡警察部队（SPF）和信息通信媒体发展局	新加坡网络安全学生计划	提高学生对网络安全的意识，鼓励学生健康、安全上网
2015 年	CSA 与其他政府机构、协会、行业合作伙伴和学术界	新加坡网络素养天赋计划	培养年轻的网络安全爱好者并帮助网络安全专业人员深化他们的技能
2018 年	CSA 与各大理工学院的合作	青年人网络安全探索计划	提高中学生将网络安全作为职业选择的认识，教授他们基础的网络安全概念，提供实践工作和比赛机会

资料来源：根据新加坡网络安全局官网文件整理。

8.7.2　政府引导网络安全教育

新加坡中小学的信息素养教育以政府规制为主要特点，开设的最初目的是保护未成年人免遭网络危害和危险。新加坡 2009 年成立网络健康指导委员会，该委员会 2009～2013 年总计投入 1 000 余万新币用于网络健康公共教育。网络健康课程（Cyber Wellness）是新加坡数字公民教育实践中最具特色的部分。新加坡为公立学校系统内所有 7～18 岁的学生开设了网络健康课程，并将其确认为新加坡品格与公民教育的一部分。新加坡的网络健康课程明确而具体，涵盖"网络身份：健康的自我认同""网络使用：生活与应用的平衡""网络关系：安全而有意义""网络公民：积极参与"四大主题，以及"在线身份和表达""ICT 的平衡使用""网络礼仪""网络欺凌""在线关系""关于网络世界""在线内容和行为的处理""网络联系"八大专题。新加坡的网络健康教育贯穿小学、初中至大学预科的品格、公民教育。①

网络健康在新加坡网络素养教育中占据重要地位。2021 年起，新加坡中小学的品格和公民教育课程将投入比以往多出 50% 的时间用于引导学生发现、分析、规避虚假新闻或不健康网页等问题。②

除公立学校提供的网络健康课程外，新加坡政府还调动社会力量，鼓动多方参与未成年人的网络素养教育。新加坡媒体通识理事会与美国通识教育机构合作开发面向 13～18 岁青少年的新闻和媒体素养工具包，该工具包从评估新闻可靠性、进行照片数字处理、分辨事实与观点三个主题引导青少年对媒介进行批判性思考，提高信息素养。③ 在信息技术方面，新加坡于 2018 年发布了《新加坡人工智能战略》，④ 在全国范围内推动少儿编程教育，增强未成年人在计算机和人工智能技术方面的信息素养。

新加坡资讯通信媒体发展管理局（IMDA）以整体方式发展和监管信息通信和媒体行业，强调人才、研究、创新和企业。2014 年 IMDA 与教育部合作，联合开发了一门名叫"Code for fun"的编程课程，它包括 1 小时的编程课，公开面向新加坡中小学，通过让学生接触可视化编程，培养学生对编程的兴趣和基础技能。感兴趣的学生可以向 IMDA 申请自主参与该项目，IMDA 提供 70% 的资助。

---

① 周小李、王方舟：《数字公民教育：亚太地区的政策与实践》，载于《比较教育研究》2019 年第 8 期，第 3～10 页。

② Min Ang Hwee. Secondary 1 Students to Own a Personal Learning Device by 2024 Under New Digital Literacy Measures. https：//www. channelnewsasia. com/news/singapore/secondary – 1 – students-own-device-digital-learning – 12498494.

③ Choo C. Two New Media Literacy Resources to Teach Youth How to Spot Fake News. https：//www. todayonline. com/singapore/two-new-media-literacy-resources-teach-youth-how-spot-fake-news.

④ National Research Foundation. AI Singapore. https：//www. aisingapore. org/html.

8.7.3 建设信息素养评估体系

新加坡在信息素养教育方面重视标准建设和评估体系建设，设计了专门适用于新加坡学校的信息素养模型标准以指导学校信息素养教育改革。

有研究者在 2013 年提出了适用于新加坡学生的 i-competency 新模型,[①] 该模型包含定义信息任务及分析信息差异、选择信息来源、从资源中寻找和评估信息、评估信息流程和产品、整合和使用信息五个方面，为学校的信息素养教育评估提出了重要的参考标准。

新加坡政府和教育主管部门关注网络健康课程的实施效果，将网络健康研究纳入网络健康委员会的研究项目，发起了针对学生在线行为和移动技术使用的相关研究，并基于研究结果开发评估标准，帮助学校评估网络健康项目的有效性，收集值得推广的经验或开展针对性的课程改革。

在课程实施效果的检测方面，新加坡民间组织和企业还组建了媒介素养委员会，开展媒介素养和网络健康教育，并监督政府牵头实施网络健康教育项目，提出适当的政策建议。

8.7.4 开展信息素养宣教活动

新加坡国家图书馆管理局（NLB）由国家图书馆和 26 家公共图书馆构成，面向新加坡全国公众提供可信赖的、可访问的、覆盖全球的知识信息服务。作为政府机构，NLB 承担着新加坡公共图书馆体系的行政管理工作，同时还将"发展商业化信息服务，促进经济持续增长"作为目标，通过培养全民阅读习惯提高公众信息素养，开展知识共享，提升国家的知识创新力和国际竞争力。

2014 年的"S. U. R. E. ——提升新加坡人的信息素养意识计划"是 NLB 主导开展的一场战略层面的营销活动，也是图书馆作为公共文化服务机构助力国家发展的一次大力尝试。在项目执行环节，通过与新加坡媒体发展局、教育部以及多所大学合作，制定并实施了针对学生和社会公众的教育培训计

---

① Mokhtar I A，Chang Y K，Majid S，et al. National Information Literacy Survey of Primary and Secondary School Students in Singapore-A Pilot Study. European Conference on Information Literacy. Springer，Cham，2013：485 –491.

划，在 23 个学校中建立 S. U. R. E. 俱乐部。截至 2016 年，共举行了 135 场会议、专题讲座和信息素养研习班，覆盖 27 000 名学生。

S. U. R. E. 运动的子项目"S. U. R. E. for School"针对新加坡中小学生展开。在课堂内，S. U. R. E. 团队与新加坡教育部合作开发了与国家学校教育课程紧密联系的信息素养课程材料；在课堂外，S. U. R. E. 开展了技能竞赛、观影写作、国际交流等信息素养实践活动。①

8.8　日　　本

日本主要从法律政策保护和教育促进等方面出发，提高未成年人的网络素养。其中日本对信息教育的讨论从 20 世纪 80 年代开始，先后经历了中小学信息教育提出阶段、以计算机应用为核心的信息教育阶段、中小学信息教育课程体系化阶段和中小学信息教育新发展阶段。日本的中小学信息教育是国家信息化战略的重要组成部分，日本政府于 2001 年、2004 年、2009 年分别提出 e-Japan 战略、u-Japan 战略、i-Japan 战略，e-Japan 战略的核心是国家信息基础环境的整备，u-Japan 战略的核心是建设泛在网络社会，i-Japan 战略的核心是发展数字化社会，中小学信息教育被视作实现国家战略计划的重要基础和保证。②

8.8.1　资源联动培养 ICT 能力

随着信息技术的高速发展，网络素养成为当代人必不可少的能力之一。基于现代社会对高素养技术人才的需求空前增加，提升未成年人的网络素养与培养其 ICT 能力成为教育方针中的重点。日本致力于建立完善的网络素养教育体系，促进教育进一步数字化。

在提升未成年人网络素养方面，日本文部科学省推出了三个教学政策，分别是《教育数字化指南》《教育数字化加速计划》《教育数字化愿景》。

---

① 陈珑绮：《新加坡公众信息素养教育实践研究》，载于《图书馆学研究》2021 年第 6 期，第 65～74 页。

② 董玉琦、钱松岭、黄松爱、边家胜：《日本中小学信息教育课程最新动态与发展趋势》，载于《中国电化教育》2014 年第 1 期，第 10～14 页。

其中，《教育数字化指南》首次将 ICT 能力纳入学生需掌握的基础素质与能力之中，并采取跨学科培养的教育方式。指南主要包括八个章节，分别是社会变迁与教育数字化、ICT 能力培养、程序设计教育推广、ICT 在教学科目中的应用、推进校务信息化、提高教师的 ICT 能力、维护学校 ICT 环境、完善学校教育数字化推进体系。其中，"ICT 能力培养"这章明确数字化教育的三个目标是提高学生 ICT 能力、ICT 意识以及 ICT 态度。针对 ICT 能力的课程安排，指南建议学校可以设置三个递进的教学层次，分别是第一阶段采取授课讲解的方式、第二阶段采取课堂练习的方式、第三阶段根据之前的课堂实践结果，优化课程，让学生继续练习。除此之外，学校还会开设编程课。不过，具体的课程模式以各个学校的实际情况为准。针对 ICT 意识和态度的课程安排，指南建议学校合理设置教学时间，采取重复教学方式。该课程的培养目标随年级变化。在小学低年级中，课程以日常生活中的道德教育为主；在初高中阶段，课程可以引入信息社会与伦理的主题，以及让学生思考自己在数字社会所有具有的权利以及责任。[1]《教育数字化愿景》与《教育数字化加速计划》都旨在利用 ICT 技术与能力加速实现教育数字化。计划提出的具体措施包括开发数字教材、构建 ICT 课堂评估模型、明确 ICT 教育目标、鼓励老师自主设计 ICT 课程、完善学校 ICT 措施等。[2]

日本的教育资源遵循线上线下联动发展的规律，在线教育网站、线下教育活动等均在提高未成年人网络素养中起到重要作用。

线上教育多为在线教育网站发展。日本的 JMC 网站帮助教师解决在 ICT 教学中所遇到的困难。[3] 学校和 ICT 网站收录了日本各个地区有关 ICT 教学的新闻讯息以及大学教授对于改进 ICT 教学的建议与思考。[4]

日本比较常见的线下教育活动形式有讲座、研讨会、课外实践等。例如，日本的北海道信息安全研究小组、儿童网络风险研究小组、非营利信息安全论坛、冈山县网络安全对策联络委员会等社会组织都举办了与网络素养相关的活动与讲座，分别包括开展数字安全意识培养班、网络风险防范班与

---

① 文部科学省：《教育计算机化指南（令和 2 年 6 月）》，文部科学省（2020），https：//www. mext. go. jp/a_menu/shotou/zyouhou/detail/mext_00117. html.

② 文部科学省：《教育数字化加速计划》，文部科学省网站，2016，https：//www. mext. go. jp/b_menu/houdou/28/07/__icsFiles/afieldfile/2016/07/29/1375100_02_1. pdf.

③ JMC，https：//www. jmc. ne. jp/service/？ category = tab – 02#b02。

④ 水间玲：《「GIGAスクール元年」1 人 1 台端末の利活用の推進に向けて》，https：//www. sky-school-ict. net/shidoyoryo/210903/。

讲座、儿童 ICT 技能培训课、高中生 ICT 会议等。①

8.8.2　课程强调技术与社会互动

在日本，一般认为最初的"信息利用能力（信息素养）"一词是在 1986 年临时教育审议会的《关于教育改革的第二次报告》中被公开提出的。此后日本文部省于 1990 年发行了《关于信息教育的指南》，1992 年全国学校图书馆协会提出了生存能力的培养被认为是信息利用能力的一个重要环节。1998 年京都大学开设了"信息探索入门"的基础课程。2000 年后，包括"信息素养"在内的信息相关课程成了所有大学的必修课。② 2014 年 7 月，日本国立大学图书馆协会和教育学习支援检讨特别委员会联合公布了日本的《高等教育信息素养标准》，该标准包括高等教育中信息素养应该掌握的知识、技能和实践能力。③

在基础教育阶段，21 世纪初日本就已经形成了较完整的中小学信息教育系统。日本关于信息技术课程的设置非常明确，从小学、初中到高中，由浅入深，强调分阶段培养学生兴趣。在小学阶段，通过设置"综合学习实践"开展信息技术教育，培养学生对信息技术的兴趣以及在实践中利用信息的能力；在初中阶段，"信息与计算机"占"技术领域"的一半内容，学生学习计算机基础知识，并了解互联网有关的法律法规；高中阶段的信息技术课程主要涵盖信息 A、信息 B、信息 C。其中，信息 A 主要围绕信息、信息设备及信息的综合处理展开；信息 B 主要围绕实际问题的解决展开；信息 C 围绕数字化以及信息的搜集、处理与发送展开。三个科目的总体目标是学生可以有效掌握信息技术的理论知识和操作技能，理解信息技术在生活中产生的影响，形成关于信息技术的科学观点与正确伦理道德观。

学生可以根据自己的需要在以上三个科目中选择一个必修科目。虽然信息课程分为了三个科目，但每一科目都围绕着三个目标来制定：一是形成关于信息的思想和观点，二是理解信息技术在社会中的影响，三是培养学生参

---

① https：//www8. cao. go. jp/youth/youth-harm/chousa/h28/minkan_katsudou/pdf-index. html.

② 野末俊比古 . 学術情報リテラシー教育の理論と動向 . http：//www. nii. ac. jp/hrd/ja/litera-cy/h19/txt1 – 3. pdf.

③ 梁正华、张国臣：《日本高等教育信息素养标准及启示》，载于《情报理论与实践》2015 年第 8 期，第 141 ~ 144 页。

与信息时代的态度和能力，体现出全面性的特征。^①

此后，日本在 2008 年又进行了新一轮的信息教育课程改革，将信息 A、信息 B、信息 C 重新划分为"社会与信息"和"信息科学"，对课程目标与内容进行了重新调整。"社会与信息"课程帮助学生理解信息的特征与信息化对社会的影响，课程包括四个部分：信息的运用与表现、信息通信网络与传播、信息社会的课题与信息伦理道德、构建理想的信息社会。"信息科学"课程让学生理解信息技术支撑信息社会的作用和影响，培养学生积极奉献信息社会发展的能力与态度。^②

日本中小学信息课程内容不断丰富的过程实际上是科学与技术、社会互动的一种体现，STS（information science、information technology、information society）趋势日益显现，^③ 对我国信息课程教育设计有一定的参考价值。

8.9 结　　论

纵观上述案例，围绕基础设施、教育促进、宣传教育与技术投入四大方向来推动未成年人网络素养的提升，这些国家的政府高度重视未成年人的网络素养，从国家战略层面做出规划布局，推动企业、家庭、学校、社会组织、家长等主体参与网络素养提升工作并维护安全健康的上网环境。在网络素养的教育内容上，基本以信息素养、媒介素养、数字素养、安全素养为主，交往素养、公民素养的教育较少（见表 8 - 12）。

表 8 - 12　　　　　　国外未成年人网络素养提升策略比较

国家	战略/政策	基础设施	课程体系	信息化教学	教师培训	评估体系
美国	√	√	√	√	√	√
英国	√	√		√	√	√
荷兰	√	√		√	√	√

---

① 刘慧敏：《中小学 ICT 课程的英、美、日比较研究》，华中师范大学硕士学位论文，2020 年。

② 高等学校学习指导要领解说（情报编）文部科学省 . http：//www. mext. go. jp/component/a_menu/education/micro_detail/__icsFiles/afieldfile/2012/01/26/1282000_11. pdf，2013 - 09 - 18.

③ 董玉琦、钱松岭、黄松爱、边家胜：《日本中小学信息教育课程最新动态与发展趋势》，载于《中国电化教育》2014 年第 1 期，第 10 ~ 14 页。

续表

国家	战略/政策	基础设施	课程体系	信息化教学	教师培训	评估体系
德国	√	√	√	√	√	
澳大利亚	√	√	√	√	√	√
新加坡	√			√		√
日本	√	√	√	√		

资料来源：笔者自制。

　　他国之举固然具有重要的参考价值，但仍存在一定的局限性。一是对网络素养内涵的理解滞后于时代发展与现实，国外重视信息素养、媒介素养和数字素养，而对交往素养和安全素养没有足够的重视。二是防范"数字鸿沟"的措施较少，网络教育资源并非能够使所有未成年人在上网时都能得到同样的授权和保护机会，地域性的教育资源缺失仍会导致各地的"数字鸿沟"发生。

第9章　未成年人网络素养提升策略

2021 年 7 月，共青团中央维护青少年权益部、中国互联网络信息中心（CNNIC）、中国青少年新媒体协会共同发布《2020 年全国未成年人互联网使用情况研究报告》。报告显示，2020 年中国未成年网民达到 1.83 亿人，互联网普及率为 94.9%，相较于 2019 年提升 1.8 个百分点。[①] 中国未成年网民规模持续增长，触网低龄化趋势更加明显。

随着互联网覆盖范围的扩大，网络应用的门槛逐步降低，互联网带来的弊端也显而易见。网络成瘾日益普遍，不良与有害信息泛滥，网络欺凌、网络诈骗、隐私泄露等现象严重侵害未成年人权益。作为新时代国家建设的中流砥柱，未成年人群体的成长安危议题备受瞩目，未成年人的网络素养成为衡量未来国家综合国力的重要组成部分，成为信息社会、数字社会建设的关键环节，如何提升未成年人的网络素养也逐步成为社会各界的关注焦点。

在政府的主导下，学校、互联网企业、社会组织、社区与家庭共同构建多样化的合作体系。针对未成年人网络素养问题，中国形成了政府主导的模式，社会主体的能动性没有得到充分发挥，此外对网络素养的内涵理解存在偏差。国外的未成年人网络素养的相关举措已发展得较为成熟，各个社会主体的有效分工使得未成年人的网络素养备受重视。中国此领域的起步较晚，理论基础及实证研究薄弱，制约着未成年人网络素养的发展前景。尽管前路困难重重，但国内可以借鉴各地区的发展，摸索出具有中国特色的道路。结合前几章的研究与国内具体情况，本书认为，需要从以下几个方面提高未成年人的网络素养。

---

① 中国互联网络信息中心：《〈2020 年全国未成年人互联网使用情况研究报告〉在京发布》，中国互联网络信息中心官网（2021 – 07 – 20），http://www.cnnic.net.cn/hlwfzyj/hlwxzbg/qsnbg/202107/t20210720_71505.htm。

9.1　把提升未成年人网络素养融入国家战略

网络素养不仅关乎未成年人的自身成长和前途发展，更关乎数字时代国家的核心竞争力。从第 8 章各国的网络素养提升案例可以看出，不少发达国家如美国、英国、荷兰将未成年人的信息素养、数字素养教育摆在国家战略的高度，美国和欧洲等已经把网络素养纳入国民素养的范畴，更是将技术基础设施的发展和教育信息化纳入国家计划。这些国家争先实施数字化战略的背后是为经济社会的持续发展乃至综合国力比拼做网络人才储备。

科技兴则民族兴，教育强则国家强。我国提出网络强国战略、科教兴国战略、人才强国战略，其中都把培养适应未来的人才作为实现战略的有效抓手，强调科技、教育、人才是国家强盛的基石。在数字时代面前，将未成年人网络素养摆在国家战略高度，引导社会各界对信息教育、信息素养的关注重视，是适应时代需要、国家发展的可行措施。未来要更进一步明确战略意义，推进未成年人网络素养培育。

事实上，2021 年召开的首届网络文明大会，已经把提升青少年网络文明素养作为题中应有之意，习近平在贺信中更是强调 "网络文明是新形势下社会文明的重要内容，是建设网络强国的重要领域。"[①] 2021 年 6 月，新修订的《中华人民共和国未成年人保护法》（以下简称《未保法》）新增 "网络保护" 专章，首次明确规定 "国家、社会、学校和家庭应当加强未成年人网络素养宣传教育，培养和提高未成年人的网络素养，增强未成年人科学、文明、安全、合理使用网络的意识和能力"。[②] 2022 年 3 月，《未成年人网络保护条例（征求意见稿）》再次公开征求意见，将原来的第三章 "未成年人网络权益保障" 和第四章 "预防和干预" 调整为 "网络素养培育"

---

① 《习近平致信祝贺首届中国网络文明大会召开　强调广泛汇聚向上向善力量　共建网上美好精神家园》，新华网（2021 - 11 - 19），http：//www.news.cn/politics/leaders/2021 - 11/19/c_1128079472.htm。

② 方增泉：《加强网络素养教育　织密网络保护安全网》，人民网（2021 - 08 - 17），http：//society.people.com.cn/n1/2021/0817/c1008 - 32196127.html。

"个人信息保护""网络沉迷防治"三章,[1] 将"预防"上升到"网络素养培育"层面,既凸显了对未成年人网络保护教育引导的重要性,同时也表明未成年人网络素养对国家战略的重要意义。

愈加成熟的数字技术引领着数字社会快速更迭,现有的举措尽管在一定程度上能给予未成年人相应的保护,但仍可能百密一疏。显然,"未成年人保护"这项工作不能仅仅局限于"防",更在于帮助未成年人全面正确地认识和使用网络,要扩大"防"的理念层次和范围,重在强调未成年人网络素养的提升。因此,在我国培养未成年人网络素养现有的基础上,除需要继续强调"提升"的重要性,更需要制定切实的战略目标和路线图。

9.2 继续完善和保障网络基础设施

网络基础设施是实现数字社会最底层的基础设施,各国也逐渐将网络基础设施纳为数字化发展的国家战略重点。美国"重建更美好未来"基础设施计划中含有制定促进 5G 和人工智能等未来关键基础设施发展的系列政策。2021 年欧盟委员会《2030 数字罗盘:欧盟数字十年战略》提出高速、可靠和强大的数字基础设施成为数字化的关键基石,到 2030 年将实现可持续的下一代固定、移动和卫星等千兆连接,并通过部署高性能计算能力和综合的数据基础设施,加速促进安全、高性能且可持续的数字基础设施建设与全民利用。[2]

实际上,我国已经将网络基础设施建设看作国家核心竞争力之一,并积极完善。2021 年在《"十四五"国家信息化规划》中就强调"数字基础设施的建设水平,正成为衡量国家核心竞争力的重要标志",[3] 我国互联网基础资源也呈现普遍增长趋势(见表 9 - 1),此外,校园的网络基础建设也基本覆盖。2020 年底,全国中小学(含教学点)互联网接入率就已达到100%,未联网学校实现动态清零;截至 2021 年底,全国已有 99.5% 的中

---

① 张东锋:《筑牢未成年人网络空间安全屏障》,中国经济网(2022 - 03 - 18),http://views. ce. cn/view/ent/202203/18/t20220318_37413807. shtml。

②③ 余晓晖:《〈"十四五"国家信息化规划〉专家谈:加快构建泛在智联的数字基础设施推动网络强国和数字中国建设》,中华人民共和国国家互联网信息办公室(2022 - 01 - 19),http://www. cac. gov. cn/2022 - 01/19/c_1644194876070929. htm。

小学拥有多媒体教室，数量超过 400 万间，其中 87.2% 的学校实现多媒体教学设备全覆盖。[①]

表 9 - 1　　　　　　2020 年 12 月~2021 年 12 月互联网基础资源对比

基础资源	2020 年 12 月	2021 年 12 月
IPv4（个）	389231616	392486656
IPv6（块/32）	57634	63052
IPv6 活跃用户数（亿）	4.62	6.08
域名（个）	41977611	35931063
其中".CN"域名（个）	18970054	20410139
移动电话基站（万个）	931	996
互联网宽带接入端口（亿个）	9.46	10.18
光缆线路长度（万公里）	5169	5488

资料来源：《第 49 次中国互联网络发展状况统计报告》。

可见，在我国网络基础设施已基本建设，未来的重点应放在网络基础设施的继续完善与保障，以实现可持续发展教育，进而影响和带动整个社会的良性发展。一方面，需要出台国家网络基础设施建设的整体规划（如《关于推进教育新型基础设施建设构建高质量教育支撑体系的指导意见》[②] 等），这些政策应该包括但不限于：宽带、无线网等技术基础设施建设计划；基础设施的发展和维护计划等。另一方面，强化校园网络基础设施，可以根据学校自身的条件设置校园网络基础设施的阶段性目标。初级目标要求所有学校将网络基础设施纳入学校建设标准，使多媒体教室成为每所中小学的基本配备设施；中级目标是构建校园网络运行维护的长效机制，例如数字教育资源更新等；高级目标是建设综合运用大数据、物联网、云计算和混合智能等技术的智能校园，"通过数据的伴随式搜集和信息的自动化分析实现由环境数

[①]　秦瑞杰、邵玉姿、王云娜、丁雅诵：《教育信息化稳步推进，优质教育资源覆盖面不断扩大——农村孩子"融入"名校课堂》，中华人民共和国教育部（2022 - 07 - 07），http://www.moe.gov.cn/jyb_xwfb/s5147/202207/t20220707_644047.html。

[②]　《教育部等六部门印发意见部署教育新型基础设施建设》，中华人民共和国中央人民政府网（2021 - 07 - 22），http://www.gov.cn/xinwen/2021 - 07/22/content_5626540.htm

据化到数据环境化的转变"。①

9.3　推动完善网络素养教育学校体系

从我国教育实践来看，学校教育是未成年人接受教育的首要环境。尽管未成年人网络素养的教育在我国义务教育和中高等教育阶段已经逐步展开，但是无论是课程体系、评测机制还是资源保障都还不充足。根据第 7 章所得结论，建议可在以下三个方面完善网络素养教育校园体系：分阶段完善网络素养教育体系；优化效果监测机制；加强教师技能培训。

9.3.1　分阶段完善网络素养教育体系

中国"未成年人网络素养"的相关课程、研究、活动等在境内的教育学术机构中一直持续推进，普遍推广。"面"已铺开，然而深度并未随着广度增强，院校多数课程的真正效果尚未可知。结合本书研究结论及国内外未成年人网络素养教育课程建设经验，院校在设计、完善网络教育课程方面，可以考虑采取分阶段设置、精细课程的策略。

分阶段设置可按照小学、初中、高中这三个阶段进行差异化教育。目前，中国多数学校各学段的学习时长并不相同，但教育部于 2010 年要求小学阶段信息技术课程一般不少于 68 学时；初中阶段一般不少于 68 学时；高中阶段一般为 70~140 学时。② 2010 年，国家中小学教育课程纲要指出"上机课时不应少于总学时的 70%"。③ 中国院校在设计、补充网络教育课程方面，涵盖数字素养（如信息技术课程）教育、媒介素养（如网络基础等）教育。网络课程以信息技术相关内容为主，但初中、高中的课程设置不一，地区课程设置也呈现出各自的偏重。如江苏省的小学和初中阶段的信息技术课程包括"信息技术基础""算法与程序设计""人工智能初步""机器人

---

①　孙立会、刘思远、李芒：《面向 2035 的中国教育信息化发展图景——基于〈中国教育现代化 2035〉的描绘》，载于《中国电化教育》2019 年第 8 期，第 1~8 页、第 43 页。

②③　教育部：《教育部关于印发〈中小学信息技术课程指导纲要（试行）〉的通知》，教育部（2010－01－28），http://www.moe.gov.cn/s78/A06/jcys_left/zc_jyzb/201001/t20100128_82087.html。

技术""物联网技术"五个模块;① 浙江省小学和初中课程包含"信息社会""算法与程序设计""物联网技术""信息获取与整理"等内容。② 高中阶段,学校课程以数据、算法、信息系统、信息社会等学科大概念为主要内容,涵盖信息意识、计算思维、数字化学习与创新、信息社会责任四个核心要素。③ 校园课程在媒介技术教授层面,开展关于认识并掌握"计算机病毒"概念及查杀的课程,④ 而国家的课程指导纲要则对媒介素养、公民素养提出了要求。

因此,小学阶段,网络素养教育应将重点放在培养学生对互联网的认知以及对媒介的使用能力上,为媒介素养、安全素养(如网上自我保护、网络欺凌防范等)的培育做好启蒙,帮助未成年人更好地适应未来的互联网生存。初中阶段,是学生开发自我潜能的重要时期,在技术、安全方面的相关课程宜由浅入深,培养学生的计算思维、编程能力,同时适当增添与信息素养(如网络诈骗防范)、交往素养、公民素养(网络使用道德规范与伦理)相关的课程内容;如果出现学时不够的情况,可以选择以选修课或者校园讲座、论坛的形式开展培训。高中阶段,在学生掌握一定的信息技术理论基础和应用能力后,课程设置应在难度、内容上呈现差异化的特征,分开提供强调实际操作的信息技术课程和强调理论学习与通识素养培养的媒介课程。

在精细课程上,目前校园中,PPT 现为最主要的教学呈现方式,以及一些文本类阅读材料和网站链接等,"91% 的课程资源媒体形式比较单一,其他教学媒介形式如 Flash 动画等比较少见"。⑤ 技术的进步、疫情的影响等社会环境因素加速了学校教学模式的改变,线下的教育转向线上。在线教育步入课堂,成为目前学生学习的主要方式之一,93.6% 的未成年网民在疫情期

---

① 江苏省教育厅:《江苏省义务教育信息技术课程纲要(2017 年修订)》,中小学信息技术教育网,(2018 - 03 - 13),http://www.xxjsedu.com/Article/szdw/201803/Article_2539.html。

② 浙江省中小学信息技术课程配套网络学习平台官网(2021 - 11 - 25),http://xxpt.xxjs.zjer.cn/estudy/index/subject/subjectList.action。

③ 教育部:《2017 年版普通高中〈信息技术〉课程标准(2017 年版 2020 年修订)》,中小学信息技术教育网(2020 - 01 - 19),http://www.xxjsedu.com/Article/UploadFiles/202007/2020070119251633.pdf。

④ 《信息技术教案——计算机病毒(苏教版)》,中小学信息技术教育网(2015 - 06 - 18),http://www.xxjsedu.com/xwgk/jaxa7/201506/xwgk_2332.html。

⑤ 陈青、许玲:《混合模式下网络课程设计的高校教师培训研究》,载于《现代远距离教育》2014 年第 5 期,第 54~59 页。

间通过网上课堂进行学习,[①] 以支撑课堂正常教学。因此,各地方政府一方面可以提供资金与设备支持,鼓励学校积极购买优质的数字教学材料,为信息教学提供良好的软件环境;另一方面,各地教育局宜"因地制宜",在上文所述的网络素养教育框架下,确定适应本地区经济状况、教育发展水平的课程科目和考核方式,指导学校有规律地开展教育教学。

9.3.2　优化效果监测机制

当前网络素养教育开展面临的另一个问题是如何评估教学效果和学生的网络素养水平。学生网络素养的评估框架和学校教育的效果监测对网络素养的培养有重要的反馈与调节作用。同时,政府部门、社会组织资助学校开展信息素养教育项目,也需要学校提供更加具有说服力的教育效果反馈,这就有赖于标准的网络素养评估框架,为学生的学习成果进行评估与测量。例如,引进澳大利亚政府提供的 NAP – ICTL 测评流程,并结合本国特征和研究结论进行修改和完善(见表 9 – 2)。根据学生在规定时间内的得分,将学生处理、创造、分享信息的能力以及 ICT 使用水平划分为六个级别,能够简洁明确地反映学生网络素养水平。

表 9 – 2　　　　　　　　　　　学生网络素养测评流程

流程	内容		细项		完成时间
1	熟悉网上测评环境		完成引导性教程,包括系统介绍以及熟悉练习题的操作过程		10 分钟
2	完成模块	技术模块	移动设备与计算机等媒介使用能力;编程能力与计算思维	题型:多选题、简答题和软件应用题	60 分钟
		其他模块	信息甄别能力、内容创作与分享能力、网络安全知识、媒介使用道德伦理		
3	完成问卷调查		测试结束后在计算机上完成问卷调查,内容包括学生的人口统计特征、网络接触特征及目的、学校网络环境、家庭亲子氛围		无严格的时间限制,约 30 分钟

资料来源:陈莉、谢惜珍、盛瑶:《澳大利亚 NAP-ICTL 测评项目分析及启示》,载于《中国教育信息化》2021 年第 12 期,第 22 ~ 27 页。

---

① 中国互联网络信息中心:《〈2020 年全国未成年人互联网使用情况研究报告〉在京发布》,中国互联网络信息中心官网(2021 – 07 – 20),http://www.cnnic.net.cn/hlwfzyj/hlwxzbg/qsnbg/202107/t20210720_71505.htm。

9.3.3　加强教师技能培训

由于教师对学生使用网络的态度和自身的网络使用行为，均影响未成年人的网络素养水平，教师的网络素养培训和信息化教学推进迫在眉睫。

对于教师的网络素养培训，一是要广泛向在职教师提供网络素养培训，二是需要建立教师网络素养评估机制。政府主导，基金会、企业等社会组织协助，聘请专业人士对在职教师定期开展教育培训，或者由企业制定教师网络素养的培训课程，线上、线下手段相结合。培训的开展除能够提升教师的使用技能外，更重要的是增强教师的网络使用信心。教师协会等机构可以出台制定相应的标准或框架，确定信息化教学的必要技能，以供全国教师自我检查和提升，如荷兰 Kennisnet 基金会制定的基础数字技能和教师 ICT 能力框架（见图 9-1），从教师的教学手段（数字教学工具使用、数字教学方式、向学生解释数字世界的能力）、职业发展（数字资源搜集能力、跟进前沿研究、知识交换能力）、学校工作（数字平台或系统使用能力、数字交流能力）综合评估教师的 ICT 能力，中国方面可以结合国情和网络素养的六维度，完善教师的网络素养能力框架。同时，学校也应在每学期末的教学评价和绩效考核中，将教师的信息化教学表现纳入评估考量，如教师的网络教学设备使用态度与频率、信息课程教学内容与教学方式、学生反馈意见等，激发教师自我提升的动力。

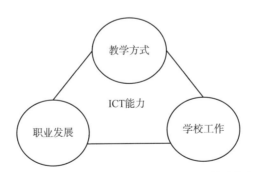

图 9-1　荷兰 Kennisnet 基金会教师 ICT 能力框架

资料来源：Kennisnet：IT competency framework for teachers 2012，https://www.yumpu.com/en/document/read/8273565/2-it-competency-framework-for-teachers-kennisnet.

至于信息化教学，强调对学校软件基础设施的建设，教师对网络教学平台和教学软件的有效使用，能够帮助创新教学手段，丰富教学方式。政府、社会组织对学校网络素养教育的资金援助应逐渐从硬件设施转向软件设施建设，资助学校购买、升级优质的数字教学材料，匹配校园的网络基础设施建设。优质教学平台和信息课程的开发也离不开社会企业的支持，政府可以通过税收等经济手段激励企业开发面向未成年人的数字学习材料，有社会责任感的企业也可以主动提供信息教学产品和服务，加强与学校、政府的合作，提升企业形象。

学术研究及理论突破、适时的创新也将为实践带来针对性地补充，行之有效地提高未成年人网络素养。然而，未成年人网络素养的相关研究薄弱，制约了研究的发展。期望关注此领域的学者们共同努力，与时俱进，夯实未成年人网络素养的理论沃土。

整体上，学校教育可以从信息课程体系建设、学生网络素养测量、教师技能培训与学术机构研究四个方面提升未成年人网络素养培育的广度与深度。当前我国的网络素养教育多是各地分散开展，因此制定统一的测量流程和评估标准并将其投入实践有重要意义。

9.4　注重网络素养的宣教内容与方式

自 2017 年开始，教育部鼓励各中小学开展丰富的实践课外活动，减少学生网络成瘾现象。[①] 各中小学在网信办与教育部的主导下，与社会协作，开展有关网络素养的课堂、主题班会、课外活动、知识竞赛等。

2016 年以来，教育部同中央网信办指导各地各校广泛开展国家网络安全宣传周活动，推动各地各校通过课堂教学、主题班队会、专题教育、编发手册、一封信、网警进校园等形式，宣传《中华人民共和国网络安全法》，持续开展网络知识教育、预防网络沉迷教育。疫情期间，教育部利用国家中小学网络云平台，设立"网络安全"专栏，对学生普及网络素养知识。[②] 在教育部的指导下，学校印发预防青少年沉迷网络的《致全国中小学生家长的一封信》以及编撰《家庭教育指导手册》家庭卷和学校卷，将预防中小

---

①②　教育部：《对十三届全国人大三次会议第 3603 号建议的答复》，中华人民共和国教育部官网（2020 - 10 - 28），http：//www.moe.gov.cn/jyb_xxgk/xxgk_jyta/jyta_jijiaosi/202012/t20201202_502921.html。

学生沉迷网络、培养良好的媒介素养作为重要内容，引导家长掌握科学的家庭教育理念，构建家校协同育人的格局。[①]

随着互联网的更新、社交媒体的使用，传统的宣教方式也逐渐换新，不少组织已开始利用新媒体进行全方位宣传，如微信公众号、数字图书馆、微博官方账号等。面向未成年人的网络素养教育多以课程教授、言传身教或提供网络资源等单向传播的方式进行，且内容相对简单，多指出网络风险以及防范建议，但均停在理论层面，少有实践；面向成年人（教师、家长等）的网络素养教育的宣教方式虽多样，但效果却是如信息茧房般，在乎的群体能获得的相关内容更多，但其他的群体对此方面能获得的消息寥寥无几。这种流于网络基础知识和操作技能的宣传，缺乏对网络思想意识的宣教，不论是面向成年人还是面向未成年人，均存在教育内容更新不及时、宣传教育效果不尽理想等弊端。

因此，可以注重网络素养宣教的内容与方式，以适应数字时代的变化。通过第5章的检验可知，未成年人网络使用的便捷性影响着网络素养。截至2021年12月的调查显示，上网设备方面，新型智能终端在未成年群体中迅速普及，手机作为当前未成年人的首要上网设备，在该群体中的拥有比例已达65.0%。[②] 显然，在互联网技术快速发展的当下，政府、学校、社会组织等都应积极将宣教方式重点转移至符合移动端特点的新媒体平台上，选择适宜的内容放在合适的新媒体平台进行宣教，以实现未成年人网络素养教育宣教工作效果的新突破，从而提高全社会的网络素养。

政府层面，需要发挥主流媒体在传播力、引导力、影响力和公信力方面的作用，强化内容的扩散，尤其是对家长的宣教。现今针对家长的宣教停留在指导家长"如何"让孩子远离网络风险，给予家长求助手段，给予家长影响孩子的方法，却较少告知家长孩子会遭遇网络风险是否有自身因素，家长在其中扮演的角色是什么。通过第6章的检验可知，家庭关系中的家庭氛围、亲子关系以及家庭指导中父母的态度等都会影响未成年人的网络素养。因此，在微信公众号、视频号等政务新媒体平台上，可以强化"家庭"在

[①]　教育部：《对十三届全国人大三次会议第3603号建议的答复》，中华人民共和国教育部官网（2020－10－28），http://www.moe.gov.cn/jyb_xxgk/xxgk_jyta/jyta_jijiaosi/202012/t20201202_502921.html。

[②]　崔爽：《第49次〈中国互联网络发展状况统计报告〉显示：我国网民规模达10.32亿》，中国科技网（2022－02－26），http://stdaily.com/index/kejixinwen/202202/a4d43a3e70714781bf692d63c3f56781.shtml。

提升未成年人网络素养中的作用，发布符合平台特点的相关宣教文章、短视频（如"家长对网络的支持态度利于孩子网络素养的自我形成和培养"）等，让家长了解自身能做什么。

学校层面，经第 7 章检验，"网上自我保护""网络诈骗防范""网络欺凌防范"等内容教授、同伴间"学习资料扩散"的传播方式均对未成年人网络素养有影响。因此，一方面，在学校教育内容上对此三方面的宣教应继续完善并强化，并能在校园中提供如网络欺凌辅导、网络诈骗举报等校园支持系统，让安全支持在校园中随处可见，使学生充分了解自我保护举措；另一方面，在宣教方式上，除课程指导、资料提供外，更应当在课堂上或是在新媒体平台上设置"互动"环节（如让学生在课堂上组成小组寻找相应主题内容的资料并在社交平台的群组内分享等，完成"资料扩散"的行为），从而提高未成年人的网络素养。此外，学校也可以在政府的指导下打造网络素养教育基地示范点，如重庆市北碚区的网络素养教育基地示范点——状元小学。2020 年 9 月，网信办和公安分局状元小学开展网络安全教育课，公安民警教导孩子们要以正面、健康、理智的态度对待网络信息，提高网络安全意识。[1] 2019 年初，福州市委网信办以基地校为核心，启动"青少年网络素养教育基地"建设，以点带面辐射周边社区，形成多方参与、共同监管的社会引导机制。[2]

社会组织层面，社会团体应采用未成年人更为喜闻乐见的方式开展网络素养教育，如线下活动、线上以趣味性为主的短视频等，并营造良好的舆论氛围；此外，还应结合自身的实践经验，为企业、学校、家长提供更为有效的指导教育模式，如提供与时俱进的教学材料、与校企合作提供订阅服务等。

此外，机关和企事业单位也应当积极参与对内宣教和对外宣传。对内部员工的宣教可强化他们对未成年人网络保护的意识，如在单位设置网络素养专题学习角、订阅未成年人网络素养相关的书籍报刊；对外宣传上，可以巧用单位账号推送网络素养的相关内容，如企业应当承担的社会责任、成年人在网络中应遵守的网络道德规范及法律制度等，使成年人通晓网络言论行为

---

① 刘政宁、齐宏：《北碚：网络安全教育进校园　网络素养得提升》，人民网（2020 - 09 - 19），http：//cq. people. com. cn/n2/2020/0919/c365411 - 34304108. html。
② 陈蓝燕、张子剑：《福州上线"e 路守护"青少年网络素养微课》，人民网（2020 - 11 - 20），http：//fj. people. com. cn/n2/2020/1120/c181466 - 34428133. html。

的底线和红线，养成网络环境下的法律意识、责任意识，从而为未成年人营造健康、正能量的网络空间。

9.5　积极发挥家庭的引导作用

未成年人最早接触的社会化的环境是家庭。目前，有的中国家长利用未成年人保护模式管理孩子的上网行为，如抖音、快手、哔哩哔哩、比心等视频与社交平台推出的青少年模式，① 减少孩子沉迷网络的风险。也有的家长参与网络素养培训，例如 2019 年 19 个家庭参与了腾讯在深圳举行的"DN. A 计划"少年团网络素养训练营，解决了因过度使用网络导致的家庭关系紧张的问题。② 但总体上中国家长并没有真正参与进未成年人网络素养的教育中，相关举措较少。据本书研究，父母对未成年人网络素养有最直接的影响，应为孩子营造良好的家庭氛围，对孩子上网持正面态度，并应用互联网企业提供的技术进行媒介管理，积极发挥家庭在未成年人网络素养教育中的引导作用。

结合第 6 章的结论，在家庭行为方面，父母首先应当为孩子营造良好的家庭氛围。对于敏感的未成年人而言，和谐的家庭氛围有助于其网络素养的提升。在遭遇不顺时，父母可以选择以正确的方式沟通，避免在孩子面前出现争吵行为。其次，良好的亲子关系也有助于孩子网络素养的提升。亲子间平心静气地交流，一方面能使孩子更愿意敞开心扉做"叙述者"，锻炼孩子的叙述能力，另一方面也能使父母及时了解孩子在网络中遇到的潜在风险。最后，家长的支持态度有利于未成年人网络素养的提升。网络已经成为日常生活中的一部分，家长对未成年人的网络使用拥有正向的态度，未成年人才会给予积极的反馈。一味反对只会激起未成年人的逆反心理，将会与家长的初衷相去甚远，最终转化为家庭矛盾。但需要指出的是，支持并不代表"无条件"的支持，家长可以在网络使用上事前与孩子达成共识，比如同意

---

① 每日经济新闻：《未成年人的互联网普及率已达 99.2%，短视频、社交平台纷纷上线青少年模式》，百度网（2020 - 12 - 29），https：//baijiahao. baidu. com/s? id = 1687387473040181006&wfr = spider&for = pc。

② 人民网：《家长要上好新的"必修课"与孩子共同提升网络素养》，百度网（2019 - 08 - 29），https：//baijiahao. baidu. com/s? id = 1643153867238623704&wfr = spider&for = pc。

上网前开启青少年模式、与孩子约定使用时长、双方"违约后果"等，以此形成约束；"约定"一旦形成，双方均不可违背，尤其是家长，不然便会缺乏可信度，后续难以指导孩子。

对家庭提供社会支持上，一是为家庭提供指导未成年人的教育资源，社会组织、图书馆等公共组织应当通过网站线上资源、平台订阅服务、线下活动等给予家长网络素养的教育指导，如美国、新加坡等公共图书馆不但有未成年人专属的课程，也有面向家长的网络素养教育资源。二是为家长提供求助支持，孩子遇到的网络风险虽有时具有共性，但具体问题具体对待，应当为受数字暴力的未成年人受害者及其父母提供求助热线、援助平台。

9.6　发挥社区、社团等社会主体的积极性

相较于中国，国外相关社会组织对未成年人网络素养的支持显得更为活跃，其多为拟社会取向组织、社会取向组织，即政府提供定向组织的资源支持，或以招标等形式使社会组织间形成良性竞争关系，以此来激发社会组织活力，获得更长远的发展。同时，国外服务大众性质的公共图书馆承担起了未成年人网络素养的教育职能，不但给未成年人及家长、教师提供较为完备的网络素养培养线上资源，还根据未成年人不同的年龄层提供线下的教育活动，丰富未成年人网络素养教育的形式。

目前，在政府主导下，我国的各个社会组织以辅助的形式参与进未成年人网络素养教育的相关活动中，中国互联网协会和中国网络社会组织联合会（以下称中网联）都对提升未成年人网络素养的议题有一定的关注。在政府的鼓励之下，它们积极参与组织同"网络素养"相关的活动及研讨会。2019 年 11 月，中网联在柏林主办第十四届联合国互联网治理论坛"提高儿童数字素养以应对网络欺凌"研讨会；[①] 2019 年 12 月，中国互联网协会在北京举办"未成年人网络保护研讨会"，与社会各界共同探讨未成年人网络保护议题；[②] 2020 年 4 月，中网联参与组织"E 路护航·E 路平安"主题研

---

① 《中网联在柏林主办 IGF "提高儿童数字素养以应对网络欺凌"研讨会》，中国网络社会组织联合会网，（2019 – 12 – 10），http：//www.cfis.cn/2019 – 12/10/c_1125329157.htm。

② 《"未成年人网络保护研讨会"在京举办》，中国互联网协会官网（2020 – 12 – 13），https：//www.isc.org.cn/zxzx/ywsd/listinfo – 37154.html。

讨，在线探讨青少年网络安全素养议题；① 2020 年 6 月，中国互联网协会网络直播"防范未成年人沉迷网络公益公开课"，发布《防范未成年人沉迷网络倡议书》② 等。此外，中国音像与数字出版协会在网络游戏的监管上为未成年人做出了一份努力：2020 年 12 月，中国音像与数字出版协会发布《网络游戏适龄提示》团体标准（绿色的 8＋、蓝色的 12＋和黄色的 16＋三个不同年龄段标识），并宣布正式进入试行阶段。③

我国需要依靠国家和政府的力量，加强社会组织的主观能动性，发挥社区、社团等社会责任的积极性。

首先，应当建立较有话语权的相关社会组织，通过政府的资源"投资"逐步实现能动性，以竞争机制形成良性发展，如与教师相关的社会组织提供教师素养的课程与交流活动等。

其次，公共图书馆应该增强教育职能的发展，完善线上相关教育资源，同时开展相应的线下活动。第一，公共图书馆可以安排未成年人网络素养相关课程，0~4 岁重点以故事的形式讲述网络的相关概念，4~10 岁开展儿童动手能力的课程，旨在培养儿童对网络和技术的兴趣，10 岁以上围绕伦理、信息辨别能力内容开展活动。第二，可以与公安局合作，开展有关网络信息甄别、网络诈骗的讲座，以此提高未成年人的信息素养、安全素养等。

最后，要加强行业梳理，提供市场研究报告，持续自主监管市场，也可与国际组织〔如联合国教科文组织、联合国儿童基金会、家庭在线安全研究（FOSI）等〕合作，共同为未成年人的网络素养教育提供多渠道发展方向。

9.7　开发未成年人友好型数字产品

企业所提供的平台是未成年人最直接接触网络的媒介。国内外不少企业开始注重起未成年人网络素养，与各大学术机构合作探寻出路，开发未成年人友好型数字产品。

---

① 中国网络社会组织联合会网（2020－06－05），http：//www. cfis. cn/2020－06/05/c_1126206726. htm。

② 《中国互联网协会成功举办"防范未成年人沉迷网络公益公开课"》，中国互联网协会网（2020－06－01），https：//www. isc. org. cn/zxzx/ywsd/listinfo－37604. html。

③ 王谊帆、沈光倩：《一图详解"适龄提示"》，人民网－金报（2020－12－28），http：//jin-bao. people. cn/n1/2020/1228/c421674－31981560. html。

现阶段，中国互联网企业针对未成年人网络安全问题与网络沉迷问题达成了网络治理共识（如《共建未成年人"清朗"网络空间承诺书》①《青少年网络素养教育倡议》② 等），并开发了青少年模式，如腾讯积极开发"成长守护平台""健康系统""家长服务平台"，并应用"公安实名检验""人脸识别验证"等新技术建立了一个严格的防沉迷体系。2021 年 9 月，抖音宣布升级青少年防沉迷措施，14 岁以下实名认证用户已全部进入青少年模式，在该模式下，用户每天只能使用不超 40 分钟，且晚 22 点至次日早 6 点不能使用抖音。同时，抖音平台在限制时长、过滤内容的同时，增加了对青少年成长有益的内容，不断升级青少年保护标准。

然而，国内"未成年人保护模式"的实施效果有限，在内容和技术设置方面更是存在诸多漏洞，人民网时评表示，青少年模式纵然设置了密码，但在网上几块钱就能用工具软件破解；即使限制了时长，只要卸载、重新下载安装就可继续玩；就算要求了实名，随便一个身份证号码足以顺利避开监管。③ 技术效果的局限以及不少平台的社交或学习属性上的必要，使得家长难以对平台一刀切，难以直接禁止孩子使用平台，从而让未成年人暴露在可能存在的网络风险下。因此，国内企业未成年人保护的技术需要再优化升级，把关技术关卡，推动儿童数字安全保护技术和方法的创新，进一步开发有益于儿童的软硬件产品，丰富友好型数字产品的供给，如乐高和史诗游戏承诺遵循"通过优先考虑安全和福祉来保护儿童的玩耍权；将儿童的最大利益放在首位，以保护儿童的隐私；为儿童和成人提供工具，使他们能够控制自己的数字体验"这三项原则，联手打造适宜全年龄的儿童友好型元界。④

互联网快速发展的时代赋予了未成年人更多的使命、责任，要求也随之严苛。生活在当下的未成年人，唯有不断求取、不断变革、不断创新，方能适应这瞬息万变的时代。这是艰辛的过程，但期望能聚万众之心，汇各方之力，提高未成年人网络素养，共建网络文明社会。

---

① 中国网信网：《多家企业共同签署〈共建未成年人"清朗"网络空间承诺书〉》，中国网信网（2020 - 07 - 31），http：//www.cac.gov.cn/2020 - 07/31/c_1577760172972898.htm。
② 张永群：《这份倡议发布，助力"数字原住民"健康成长》，百度网（2020 - 12 - 27），https：//baijiahao.baidu.com/s？id =1687213421911893010&wfr =spider&for =pc。
③ 田宇：《人民网评：青少年模式能否有效，平台态度最关键》，人民网（2021 - 03 - 23），http：//opinion.people.com.cn/n1/2021/0323/c223228 - 32058656.html。
④ 《乐高和史诗游戏联手打造儿童友好型元界》，VOI（2022 - 04 - 08），https：//voi.id/zh/technology - zh/155394/read。

参 考 文 献

[1] 蔡韶莹. 美国公共图书馆儿童数字素养教育调研与分析 [J]. 图书馆建设, 2020 (6).

[2] 陈莉, 林井萍. 浅议网络媒介素养及其培养 [J]. 教育与职业, 2005 (3).

[3] 陈莉, 谢惜珍, 盛瑶. 澳大利亚 NAP – ICTL 测评项目分析及启示 [J]. 中国教育信息化, 2021 (12).

[4] 陈珑绮. 新加坡公众信息素养教育实践研究 [J]. 图书馆学研究, 2021 (6).

[5] 陈维维, 李艺. 信息素养的内涵、层次及培养 [J]. 电化教育研究, 2002 (11).

[6] 邓林园, 方晓义, 伍明明, 张锦涛, 刘勤学. 家庭环境、亲子依恋与青少年网络成瘾 [J]. 心理发展与教育, 2013 (3).

[7] 杜智涛, 刘琼, 俞点. 未成年人网络保护的规制体系: 全球视野与国际比较 [J]. 青年探索, 2019 (4).

[8] 符绍宏, 高冉. 《高等教育信息素养框架》指导下的信息素养教育改革 [J]. 图书情报知识, 2016 (3).

[9] 高欣峰, 陈丽. 信息素养、数字素养与网络素养使用语境分析——基于国内政府文件与国际组织报告的内容分析 [J]. 现代远距离教育, 2021 (2).

[10] 龚文庠, 张向英. 美国、新加坡网络色情管制比较 [J]. 新闻界, 2008 (5).

[11] 胡翼青. 论网际空间的"使用—满足理论" [J]. 江苏社会科学, 2003 (6).

[12] 黄如花, 冯婕, 黄雨婷, 石乐怡, 黄颖. 公众信息素养教育: 全球进展及我国的对策 [J]. 中国图书馆学报, 2020 (3).

[13] 蒋晓丽. 信息全球化时代中国网络媒介素养教育的生成意义及特定原则 [J]. 新闻界, 2004 (5).

[14] 乐欣瑜, 董丽丽. 澳大利亚中小学 STEM 教育的举措与展望 [J]. 世界教育信息, 2020 (10).

[15] 雷雳, 柳铭心. 青少年的人格特征与互联网社交服务使用偏好的关系 [J]. 心理学报, 2005 (6).

[16] 雷雪. 图书馆未成年人数字素养培育研究进展 [J]. 图书馆建设, 2021 (6).

[17] 李宝敏, 李佳. 美国网络素养教育现状考察与启示——来自 Lee Elementary School 的案例 [J]. 全球教育展望, 2012 (10).

[18] 梁正华, 张国臣. 日本高等教育信息素养标准及启示 [J]. 情报理论与实践, 2015 (8).

[19] 刘杰, 孟会敏. 关于布朗芬布伦纳发展心理学生态系统理论 [J]. 中国健康心理学杂志, 2009 (2).

[20] 刘荃. 城市青少年接触媒介行为与家庭环境的相关性研究——以江苏省为例 [J]. 现代传播 (中国传媒大学学报), 2015 (6).

[21] 鲁楠. 农村留守儿童媒介素养教育的参与式视角 [J]. 新闻爱好者, 2012 (24).

[22] 马海群. 论信息素质教育 [J]. 中国图书馆学报, 1997 (2).

[23] 马宁, 周鹏琴, 谢敏漪. 英国基础教育信息化现状与启示 [J]. 中国电化教育, 2016 (9).

[24] 梅丽莎·海瑟薇, 弗朗西斯卡·斯派德里. 荷兰网络就绪度一览 [J]. 信息安全与通信保密, 2017 (12).

[25] 彭兰. "液态" "半液态" "气态": 网络共同体的 "三态" [J]. 国际新闻界, 2020 (10).

[26] 彭兰. 网络社会的网民素养 [J]. 国际新闻界, 2008 (12).

[27] 齐亚菲, 莫书亮. 父母对儿童青少年媒介使用的积极干预 [J]. 心理科学进展, 2016 (8).

[28] 青木. 德国: 斥资打造 "儿童网络" [J]. 医药前沿, 2013.

[29] 桑标, 席居哲. 家庭生态系统对儿童心理健康发展影响机制的研究 [J]. 心理发展与教育, 2005 (1).

[30] 孙荣利, 孟令军. 大学生网络媒介素养教育研究 [J]. 新闻战线,

2014（11）.

［31］汪靖．美国儿童网络隐私保护的二十年：经验与启示［J］．媒介批评，2019（00）.

［32］王丽，傅金芝．国内父母教养方式与儿童发展研究［J］．心理科学进展，2005（3）.

［33］王莲华．新媒体时代大学生媒介素养问题思考［J］．上海师范大学学报（哲学社会科学版），2012（3）.

［34］王伟军，王玮，郝新秀，刘辉．网络时代的核心素养：从信息素养到网络素养［J］．图书与情报，2020（4）.

［35］魏小梅．荷兰中小学生数字素养学习框架与实施路径［J］．比较教育研究，2020（12）.

［36］吴玥．澳大利亚中小学 ICT 素养课程研究［J］．世界教育信息，2020（8）.

［37］徐斌艳．德国青少年数字素养的框架与实践［J］．比较教育学报，2020（5）.

［38］徐田子，夏惠贤．从危机应对到战略规划——澳大利亚 STEM 教育政策述评［J］．外国中小学教育，2018（6）.

［39］许欢，尚闻一．美国、欧洲、日本、中国数字素养培养模式发展述评［J］．图书情报工作，2017（16）.

［40］张锦涛，陈超，刘凤娥，邓林园，方晓义．同伴网络过度使用行为和态度、网络使用同伴压力与大学生网络成瘾的关系［J］．心理发展与教育，2012（6）.

［41］周小李，王方舟．数字公民教育：亚太地区的政策与实践［J］．比较教育研究，2019（8）.

［42］周学峰．未成年人网络保护制度的域外经验与启示［J］．北京航空航天大学学报（社会科学版），2018（4）.

［43］庄腾腾，谢晨．我国中小学生技术素养测评工具设计探析——基于国际科学与技术素养测评框架［J］．华东师范大学学报（教育科学版），2018（6）.

［44］崔子修．网络空间的社会哲学分析［D］．中共中央党校，2004.

［45］丹·希勒．数字资本主义［M］．杨立平译，南昌：江西人民出版社，2001.

［46］郭玉锦，王欢．网络社会学［M］．北京：中国人民大学出版社，2005.

［47］黄希庭，杨志良，林崇德．心理学大辞典［M］．上海：上海教育出版社，2004.

［48］劳伦斯·莱斯格．代码：塑造网络空间的法律［M］．李旭等译，北京：中信出版社，2004.

［49］马克·波斯特．第二媒介时代［M］．范静哗译，南京：南京大学出版社，2005.

［50］舒尔茨．现代心理学史［M］．北京：人民教育出版社，1981.

［51］宋希仁，陈劳志，赵仁光．伦理学大辞典［M］．长春：吉林人民出版社，1989.

［52］王吉庆．信息素养论［M］．上海：上海教育出版社，1999.

［53］张开．媒介素养概论［M］．北京：中国传媒大学出版社，2006.

［54］张毅荣．德国加强打击针对青少年儿童的网络性诱拐［EB/OL］．凤凰新闻网（2019－06－27），https：//ishare.ifeng.com/c/s/7nqQmvTXANX

［55］David Considine. The What, How To's［J］. The Journal of Media Literacy, 1995（41）.

［56］Doyle C S. Outcome Measures for Information Literacy within the National Education Goals of 1990. Final Report to National Forum on Information Literacy. Summary of Findings.［J］. Washington, DC：US Department of Education, Office of Educational Research and Improvement, 1992：18.

［57］Eric B. Weiser. The Functions of Internet Use and Their Social and Psychological Consequences［J］. CylrPsyehol & Behavior, 2001,（6）.

［58］Garfield E. 2001：An Information Society［J］. Journal of Information Science, 1979, 1（4）.

［59］Hargittai, E. An Update on Survey Measures of Web-oriented Digital Litracy［J］. Socail Science Computer Review, 2009（1）.

［60］Hery Jenkins. Confronting the Challenges of Participatory Culture：Media Education for the 21st Century［J］. Educational Gerontology, 2008, 29（7）.

［61］M. Valcke, B. De Wever, H. Van Keer, T. Schellens. Long-term Study of Safe Internet Use of Young Children［J］. Computers & Education,

2011, 57 (1).

[62] Mc Clure CR. Network Literacy: a Role for Libraries [J]. Information Technology and Libraries, 1994 (2).

[63] Mokhtar I A, Chang Y K, Majid S, et al. National Information Literacy Survey of Primary and Secondary School Students in Singapore – A Pilot Study [J]. European Conference on Information Literacy. Springer, Cham, 2013.

[64] Valcke M, Wever B D, Van Keer H, et al. Long – Term Study of Safe Internt Use of Young Children [J]. Computer & Education, 2011 (57).

[65] American Library Association. American Library Association. Presidential Committee on Information Literacy: Final Report [R]. 1989.

[66] Bronfenbrenner U. The Ecology of Human Development: Experiments by Design and Nature [M]. Cambridge, MA: Harvard University Press, 1979.

[67] Selfe Cynthia L. Technology and Literacy in the Twenty-first Century [M]. Carbondale: Southern Illinois University Press, 1999.

[68] Urie Bronfenbrenner. The Ecology of Human Development [M]. Cambridge: Harvard University Press, 1979: 21.

[69] Zurkowski P G. The Information Service Environment Relationships and Priorities [M]. Washington DC: National Commission on Libraries and Information Science, 1974.

[70] ALA Digital Literacy Taskforce. What is Digital Literacy? [EB/OL]. (2018 – 03 – 28), http://connect. ala. org/files/94226/what% 20is% 20digilit% 20% 282% 29. pdf.

后　记

　　本书筹划于数字时代未成年人保护的研究课题，从完成初稿到付梓出版三年有余。由于研究内容的历时性以及课题方向的延展性，一系列后续研究不断带来新发现和新视域，以致迟迟不能定稿。

　　本书是对网络素养理论和实证研究的一次探索，旨在从新时代技术条件下互联网的技术和应用特征出发，建构网络素养的概念和理论体系，开发网络素养的测量量表，并通过实证研究探索影响网络素养的个体和宏观系统的差异。在此基础上，通过引入国外提升网络素养的经验，提出我国的应对之策。令人遗憾的是，受制于新冠肺炎疫情的影响，国外的实证研究迟迟不能开展，导致对布朗芬布伦纳的生态系统理论在宏观层面的研究不够。

　　本书由我和我指导的博士生葛东坡共同完成，我主要负责理论研究和政策分析部分，葛东坡负责实证研究部分。作为课题组成员，我指导的研究生郑思琳、方诗敏、郑思琳、李哲哲亦做出了重要贡献。初稿完成后，陈馨婕协助完成了大量的审核校对工作。书稿的完成离不开研究院各位师长、同事的支持和帮助，离不开燕园提供的种种便利。为此，我常怀感念之心，深表谢意。

田　丽

2022 年 6 月